樂活升級版

Mondays Meat Free
我響應**周一無肉日**活動

今天不吃肉

我 的 快 樂 蔬 食 日

王申長Ellson 著

專業營養師趙思姿 健康諮詢
低碳生活部落格主編張楊乾 熱情推薦

蔬食，抗暖化的捷徑之一

自 2007年開始，我每天會計算我一天食衣住行之中，直接或間接排放了多少溫室氣體，也就是「碳足跡」。我個人希望能把我每天的碳足跡，控制在5公斤以內，因為這是科學家所建議的安全值，如果超過太多，我就將會成為造成地球暖化的共犯之一。

而我的經驗告訴我，要達到這樣的標準，除了要放棄現有生活上的許多便利外，更有不少商業邏輯下的難題要去克服。其中，食物的碳足跡，佔了我每天碳排放量約三分之一；因此雖然我還無法餐餐茹素，但至少在選擇食物時，會儘量避開進口食材，或是擁有高碳足跡的食物。

什麼樣的食物碳足跡偏高呢？**根據瑞典國家飲食署的調查，每生產1公斤的牛肉，大約會排放15～25公斤的溫室氣體、相較於豬肉的5公斤與雞肉的2公斤，牛肉相對上是對地球傷害較大的肉品來源。**

牛因為會反芻，所以排放的甲烷較其他動物來得多，而偏偏甲烷又是比二氧化碳的暖化潛力還厲害23倍的溫室氣體。根據聯合國農糧組織2006年發佈的報告指出，畜牧業所製造的溫室氣體，一年約為75億噸，約佔全人類溫室氣體排放量的18%；而2009年在《看守世界（World Watch）》雜誌上，甫自世界銀行集團退休的資深環境顧問古德蘭（Rober Goodland），以及現任世界銀行集團國際金融機構環境專家安昂（Jeff Anhang），共同檢視與研究聯合國所發表的這份報告後，認為農糧署在許多方面低估了畜牧業的排碳量，**他們認為每年實際由畜牧業排放的溫室氣體，應該超過325億噸，佔了全球溫室氣體排放量的51%。**

當然《看守世界》雜誌並不是純科學期刊，所以，畜牧業對於暖化的影響仍待科學進一步驗證，但至少牛肉這部份已是眾矢之的。其實不同的養牛方式，也會影響牛肉的碳足跡，根據瑞典在2003年的研究，肉牛如果是採放牧而非集中餵養，則至少能減40%的二氧化碳排放；而另根據日本京都大學在內的研究機構2008年的調查，以目前日本集中式生產1公斤的牛肉的過程中，會產生36.4公斤的二氧化碳，「和牛」顯然比北歐的牛更不環保。

最近美國牛肉的議題正熱，其實，最糟的養牛方式，莫過像是美國牧農所餵養的「穀物牛肉」。根據珍古德博士《用心飲食》一書的統計，平均

生產1公斤牛肉，就會消耗約十萬公升的水，是一個人一天建議飲水量的五萬倍！

除此之外，飼料作物與糧食作物之間，也有爭地的問題。像美國有56%農地，其所收成的作物是要拿來生產牛肉；但根據美國農業部經濟研究服務處的資料，每16公斤的穀物，卻只能產生1公斤的牛肉，若以熱量來看，生產穀物牛肉是非常浪費地力的作法。

在氣候變遷持續惡化的情況下，糧荒與水荒將會愈來愈嚴重，但原1公頃的農地拿來種稻米，可以養活19個人，若是拿用來種飼料作物生產牛羊肉，則只能養活1～2個人。因此，已有為數不少的環保團體或人道團體，近年來都開始鼓吹大眾茹素，以減少全球富人吃肉、窮人挨餓的情況。

以上只是以牛肉為例，說明現有的畜牧業對地球可能帶來的破壞，但如果你仍受不了牛肉的誘惑，科學家也建議每天紅肉攝取量不超過50克，對減緩地球暖化是會有貢獻的。

因此，以不吃肉、少吃肉的蔬食飲食方式來對抗暖化，我願意相信是有效的；如果世上少一個人吃肉，或許就能阻止畜牧業無止盡的擴張。 而除了不吃肉、少吃肉之外，包括像是管理家中電器的待機電力、更換節能電器、睡覺前將保溫熱水瓶關閉等，都能幫助我們降低每天的碳足跡。

本書提供了許多暨營養又美味的蔬食食譜，告訴你不吃肉或少吃肉也能吃得健康又美味。站在抗暖化的觀點，是既能造成改變，又不致於會影響生活品質的兩全做法，值得有心對抗暖化又重視美食的人細細研究。

我想，不論是通勤時放棄私人運具，或是晚餐的餐盤少放一塊肉，這樣的改變其實就心理層面而言，都不容易達到；諸不見菸害防治宣導多年，癮君子的年齡層仍不斷下探。但是，只要我們能繼續在減碳的議題上耕耘，相信會有愈來愈多的人重視暖化的議題，進而讓我們孩子的未來，有更多活命的機會。

台達電子文教基金會低碳生活部落格主編 **張楊乾**

所著《低碳生活的24堂課》一書，入選2009開卷好書獎十大美好生活書

不吃肉，
多吃蔬食更健康

多吃植物性食物，少吃動物性食物，是現代人健康飲食的重要法則，這種飲食不僅能促進人類的健康，更能拯救地球。如果有更多人能確實的執行每天少吃肉，或不吃肉，相信這樣的飲食能帶給許多人更美好又有意義的生活。

不吃肉的飲食方式，在許多歐、美先進國家，已有推廣多年的時間，且深入一般民眾的飲食觀念中，這樣的觀念到底對我們有何幫助？除了協助緩和地球暖化的目的，對每個人的身體健康有著莫大的好處。

也許你會問：「不吃肉、少吃肉類那該吃什麼？」「少吃肉會不會無法攝取足夠的蛋白質呢？」，其實不吃肉，有時更容易達到均衡營養攝取的效果，**如果我們不吃肉，我們仍有許多食物可以選擇，像根莖類蔬菜、十字花科蔬菜、海藻食物、菇蕈類、五穀雜糧類、水果類、豆類、奶類、蛋類，以及各種食物相關製品，這些食物讓我們飲食的選擇更加豐富與多元。然而，肉類的營養素也可以從其他動物衍生的蛋類、奶類或者從植物的豆類、堅果類獲得，來達到身體所需的量。**

我們都相信均衡的飲食是保持健康的不二法門，近年來專家更建議最好從植物性的食物獲得飲食中多種營養的來源，這些植物性的食材除了含有豐富的各種維生素、礦物質、膳食纖維，許多研究都證實植物中的植物性化學物質（phytochemicals）能有效抗癌、抗老化，是確保身體細胞健康的重要因素。每天攝取多種不同顏色蔬果、穀物與豆類、堅果等，有利於身體攝取均衡的營養，若適量搭配奶與蛋類，可讓飲食均衡且富有變化。所以，即使不吃肉類，若每天均衡飲食搭配，一樣可以常保健康。

為了身體的健康，共創一個適合生活的地球，不吃肉、少吃肉，多吃蔬菜、水果應是每個人該學習得生活方式，只要每星期至少一天不吃肉，或者每天選擇一餐不食用肉類，多吃蔬食，就能簡單達成目標。如果你擔心不知從何開始，我想參閱這本《我的快樂蔬食日》，書中的各式料理，能讓你在吃得健康，享受美味的同時，也讓我們盡一份愛地球的心意吧！

營養師 **趙思姿**

不吃肉、少吃肉 美味新「食」尚

之前由民間所發起的「周一無肉日」活動，即每個星期一訂為全日無肉日，這項活動不僅得到許多團體、學校和個人的響應，更得到政府部門如環保署、衛生署的支持，甚至未來計畫出版素食指南，全力推廣不吃肉運動。

一般人聽到不吃肉，就想到吃素，「不吃肉＝茹素＝不美味」的想法隨即躍於腦中，**其實不吃肉不是吃全素，而是建議你每星期一天不吃肉，或是每天有一餐不吃肉，不僅有助於延緩地球繼續暖化，更能從其他食材獲得身體必需的營養。**

從諸多國外學術機構的研究報告指出，畜牧業是導致地球暖化的最大原因，換句話說，吃肉就會助長生態的惡化。而在購買食材上，如果過於採用進口食材，這些食物的里程過高，同樣會產生不必要的碳排放量。此外，當季盛產的食物因噴灑的農藥較少，更能攝取到最佳的養分。因此，吃當地、當季的食物，不僅有助於環保，更能維持身體健康。但不從環保和健康，先從大家最關心的「不吃肉還能吃什麼？不加肉菜還好吃嗎？」來看，那我要告訴讀者們，若能善加利用其他食材做巧妙變化，餐桌上的飯菜無肉依舊很可口。

這本書是以「今天不吃肉」為主題，盡量以當季、當地蔬果和五穀烹調出中式、西式和日韓式的美味料理，顛覆你不吃肉就不美味的觀念。我將食譜內容區分為「簡單做便宜買蛋豆腐料理」、「這樣吃最清淡美味料理」、「就是愛嚐重口味料理」以及「吃個飽足飯麵湯料理」四大類，另由營養師加入食材的健康元素，務求讓大家同時吃到食材的鮮美和健康。這次「樂活升級版」中增添了〈涼拌、燙青菜、拌麵拌飯醬汁15味〉，冷的醬汁可用來搭配生蔬菜作為沙拉食用，燙過或拌炒過的醬汁則適合拌麵、或燙青菜後淋上，是簡單又實用的單元，希望讀者喜歡，進而常常食用蔬食，超越一週一天無肉日，更健康更環保、生活品質更增上。

不論是為了健康或環境，而響應不吃肉、少吃肉活動，若你正在煩惱著今天的菜單，就請你翻開這本書，數十道無肉料理正等著你享用。期望在我們改變飲食習慣的同時，還能兼顧到健康以及對地球的關心，讓下一代的生活更美好。

王申長Ellson

Mondays Meat Free
我響應**周一無肉日**活動

樂活升級版
今天不吃肉
我 的 快 樂 蔬 食 日

涼拌、燙青菜、拌麵拌飯

樂活升級版
新增
醬汁15味

素蠔油蔬菜醬汁+辣拌麵醬+糖醋醬汁+芝麻醬+素炸醬+素沙茶醬+枸杞素蠔油醬+酸奶油蒔蘿醬+蜂蜜檸檬醬汁+柳橙油醋汁+芒果辣醬+千島醬+芝麻美乃滋醬+芥末蜂蜜醬汁+九層塔美乃滋 *114*

閱讀本書之前，請參考以下事項

1. 本書以「今天不吃肉」為主題，期望在響應「周一不吃肉」或「每天一餐不吃肉」等活動的前提下，設計一系列美味食譜。但本書並非素食食譜，僅提供不吃肉時的另一選擇。

2. 本書中的度量衡，1大匙=15克或15c.c.，1小匙=5克或5c.c.，1杯為200克=200c.c.，方便讀者換算運用。

3. 本書食譜照片為呈現最好的一面，會增加些許食材美觀畫面，讀者可自行斟酌的裝飾材料。

4. 本書中所用的油，建議使用橄欖油或苦茶油、葵花油較健康。此外，油炸料理製作時，因油溫過高，操作時須注意。

5. 本書加入的食材營養成分是經趙思姿營養師審定，讀者可參考運用於日常飲食中。

簡單做便宜買 蛋豆腐料理

這樣吃最清淡美味料理

就是愛嚐重口味料理

吃個飽足飯麵湯料理

吃得健康不吃毒

當你從傳統市場、超級市場挑選回蔬菜、瓜果或根莖類等食材，即使菜販保證或包裝上的貼條標明少農藥，也不一定能百分之百確認其中真的不含有害人體健康的物質。為了吃得安心，建議大家將食材「加工清理」一下。首先，我們要先瞭解這些食材可能含有哪些有毒物質，才能選到少毒食材。其次，教你如何清洗食材，才能吃得健康。

這些毒素要小心！

7個方法教你選擇少毒的食材！

有毒物質 **1**
殘留農藥，多存在於各類蔬菜、水果中

農人在種植時，為了避免蟲害，使農作物能順利生長，通常都會噴灑防止害蟲的殺蟲劑、除雜草的除草劑，以及防止農作物生病的農藥等。這些藥物在農作物生長到採收的過程中沒有揮發散盡的話，就會造成農藥殘留的問題。尤其是溫室栽培的作物，若未能受到良好的日照以分解藥物，就有農藥殘留的疑慮。

農藥對人體會增加罹癌機率、造成DNA遺傳因子產生突變或染色體發生異常等問題，對人體健康造成極大的影響。

有毒物質 **2**
硝酸鹽，多存在於芥菜、青江菜、菠菜等葉類蔬菜中

氮肥是栽種蔬菜時使用的肥料，而氮肥在土壤中會先分解氧化成硝酸離子或硝酸鹽，人或動物若食用過多含有硝酸鹽的植物，因其會轉化成亞硝酸鹽，會有致癌的危險。

有毒物質 **3**
戴奧辛，多存在於各類蔬菜水果等所有農作物中

戴奧辛類化學物質是一大群含有氯的有機化合物，包括戴奧辛及呋喃，有數百樣之多。它們屬於脂溶性，在自然界中不易分解，很容易蓄積在豬、牛、羊、魚類和各種農作物之中。對人體的危害是容易罹患癌症，以及易生出不健全的嬰兒。

方法 **1**
選用當季盛產的食材

蔬果在屬於自己的當季盛產期時，生長速度較快，因此，不需要噴灑過多的農藥也可以順利生長。加上當季盛產的蔬果營養素最充足，是絕佳的品嚐時機。

方法 **2**
選擇露天栽種的植物蔬菜

農藥可經由紫外線日照分解，也就是說相對於室內栽種的蔬果，以露天栽種的殘留農藥較少。而溫室栽培或是以塑膠布罩住栽培的方式，會減少紫外線照射，殘留農藥較高。

方法 **3**
避免選擇基因改造食品

例如可能會以基因改造的農作物製成的油類、酒類等應避免使用，可選用有機作物製成的大豆沙拉油、純米醋、純米酒、純麥製作的啤酒、純植物油等。

方法 **4**
削除一層薄外皮

蔬果類的表面可能會殘留有農藥，所以像地瓜、芋頭和蘋果、水梨等有皮的蔬菜水果，都應削除外皮，也可幫助有害物質從分切面流出。

這樣清洗食材就對了

食材名	處理方法
馬鈴薯	在活水下（水龍頭一小管水持續流），以硬質鬃刷刷洗表面
地瓜	在活水下以軟質海綿刷洗表面，再削除外皮，可削厚一點。
芋頭	在活水下刷洗表面削除外皮，連同水一起放入鍋中，以大火煮滾後再煮約3～4分鐘。
牛蒡	在活水下刷洗表面泥土後削除外皮，切塊放入醋水中泡以免變色。
洋蔥	先剝除咖啡色外皮，再剝除一層白肉。
胡蘿蔔	在活水下以軟質海綿刷洗表面，因皮較薄，以削皮器輕輕削除一層外皮。
白蘿蔔	在活水下以軟質海綿刷洗表面，再削除外皮，可削厚一點。
蓮藕	在活水下以硬質鬃刷刷洗表面，刀順著纖維縱切除外皮，再切成片，放入醋水中泡。醋水的比例是2小匙的醋：400c.c.的水。
小黃瓜 大黃瓜	以水洗淨，砧板上撒少許鹽，雙手滾動使其出水。
青椒 甜椒	以水洗淨後去籽切片、塊，放入滾水中汆燙約30秒。
蕃茄	切掉蒂頭，在蕃茄尾部以刀劃一個十字，放入網杓中入滾水中汆燙，撈出放入冰水中泡。
茄子	以水洗淨後切片、塊，放入水中泡。
南瓜	以水洗淨後切開去籽，再切片、塊，放入滾水中汆燙。
高麗菜 紫高麗菜	剝除最外側的2、3片葉片，放入滾水中汆燙。
萵苣	剝除最外側的2、3片葉片
生菜	將葉片一片片剝開，放在活水下沖洗約5分鐘，此動作重複5次。
茼蒿	將葉片一片片剝開，放在活水下沖洗約5分鐘，放入滾水中汆燙。
菠菜	放在活水下沖洗約5分鐘，切成適當長度後放入滾水中汆燙約40秒，避免汆燙過久營養流失。
青江菜	將葉片一片片剝開，仔細清洗根部。
大白菜	剝除最外側的2、3片葉片，其餘一片片剝開洗淨。
蔥	剝除最外層的一層葉。
豆芽	放入容器中以水沖洗淨。
西洋芹	摘除葉片，莖部以水清洗，再切成適當的長度，放入醋水中泡。醋水的比例是1大匙的醋：600c.c.的水。
韭菜	放在活水下沖洗約5分鐘，此動作重複5次。
花椰菜	先分成數小朵，再放入滾水中汆燙至軟。
荷蘭豆	拔除邊絲和頭部，以水沖洗乾淨。
毛豆	以水洗淨後用鹽搓揉，放入滾水中煮約5分鐘。
四季豆	拔除邊絲和頭部，以水沖洗乾淨。
香菇	將香菇放入容器中洗淨，再換乾淨水沖洗數次。
鴻喜菇 雪白菇	分成數小株，再以清水沖洗，尤其根部需洗乾淨。

方法❺
漂水或浸醋水

將可將削除外皮或切塊的食材，依其特性放入水、鹽水或醋水中浸泡，除保持本身色澤也可幫助有害物質流出。

方法❻
以沸騰的水煮過

將削除外皮或切塊的食材放入滾水中汆燙或煮過，具有消除有害物質的效果。煮過食材的滾水，因其中可能含有毒物質，水全部倒掉為佳。

方法❼
撈出懸浮物質

食材在放入滾水中汆燙或烹煮時，可能會出現懸浮物質，這些懸浮物質大多為有害物質，可趁機將其去除，同時也可去除多餘的脂肪。

Ellson❷ 的生活廚房

以簡單的刀工處理食材

食譜中時常出現的「切滾刀塊」、「切菱形片」、「切丁」、「去籽切皮」、「刻花」等，都算是很基本的食材刀工。只要學會最基礎的刀工，不需要學會太難的，簡單幾招讓你做菜更順利。

胡蘿蔔切滾刀塊

(適用於白蘿蔔、茄子、山藥等)

1.
刀尖放在胡蘿蔔根葉的另一側，斜斜下刀，切一個三角塊。

2.
如圖轉動胡蘿蔔，下刀再切一個三角塊。

胡蘿蔔切菱形片

(適用於白蘿蔔、山藥、竹筍等)

1.
胡蘿蔔頭尾兩端都切平。

2.
將胡蘿蔔其中一邊切平，做底部，使可放穩在砧板上。

3.
平的部分放在底部，從右往左切等厚度的長片狀。

4.
將切好的長片堆疊在一起，斜刀切成菱形片。

香菇刻花

（適用於蕈傘較厚實且大面積的菇類）

1.
若想切成6片花瓣，需先心測好大致的位置。於香菇傘上先輕下兩刀割出一長的淺痕跡，記得不可割斷香菇傘。再於第二個位置輕輕下刀。

2.
於第二個的位置下刀割出長條痕跡，同樣割出第三個痕跡，即3條長痕組成6片花瓣。

洋蔥切條

1.
先將洋蔥從中剖對半，平的那面放在底部。刀尖如圖筆直往下切到底。

2.
將切完直刀的洋蔥往右轉（左手握著洋蔥往右轉），使刀尖和剛才切好的直刀紋路呈直角，再筆直往下切到底。

洋蔥切丁(碎)

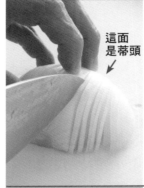

這面是蒂頭

1.
先將洋蔥從中剖對半，平的那面放在底部。刀尖如圖筆直往下切，每條刻痕間距要細且均一，靠近蒂頭那端不要切到底，才不會散開。

剛才的蒂頭

2.
將切完直刀的洋蔥往左轉（左手握著洋蔥往左轉），刀尖橫剖切入刻痕，但同樣在剛才的蒂頭處不要切到底。

3.
再下直刀切到底，每條刀紋間距相同，即可切出相同大小的洋蔥丁。

這樣保存食材最好

蔬果類食材的不善保存，會導致食材容易壞掉、失去水分或養分，因此，正確的保存方式相當重要。以下告訴你常見蔬果的保存方式。

大白菜

保存方法

在大白菜的根部劃一十字刀紋，可預防白菜繼續生長，有利於延長保存期限。再以報紙包裹放入夾鍊袋中，放在陰涼通風處。

高麗菜

保存方法

將中間的芯切除（挖成中間一個四方小洞），在小洞中塞入廚房用紙巾或棉花，放入袋中，移入冰箱冷藏保存。

菠菜、葉菜類

保存方法

以報紙包裹，放入冰箱以莖朝下葉朝上的直立方式冷藏保存。

香草

保存方法

在密封盒中鋪一層沾了水的廚房用紙巾，再放上香草類植物，蓋上盒子，放入冰箱冷藏保存。巴西里則可放入夾鍊袋中，同樣放入冰箱冷藏保存。

萵苣

保存方法

將中間的芯切除（挖成中間一個四方小洞），在小洞中塞入廚房用紙巾或棉花，放入袋中，移入冰箱冷藏保存。

小黃瓜

保存方法

洗淨後擦乾水分，以2～3張廚房用紙巾包裹，放入袋中，移入冰箱冷藏保存。

西洋芹、台芹

保存方法

將莖和葉分開，再分別以保鮮膜包裹，放入冰箱冷藏保存。

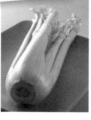

蘆筍

保存方法

洗淨後擦乾水分，以2～3張廚房用紙巾包裹，放入袋中，移入冰箱冷藏保存。

洋蔥

保存方法

將洋蔥放入網子中，一個個綁好，綁成一串，吊掛在無陽光直射的陰涼通風處保存。

白蘿蔔

保存方法

切掉葉子和鬚根，以報紙包裹，放在陰涼通風處。

胡蘿蔔

保存方法

先以沾濕的廚房用紙巾包裹，再以報紙包裹外層，放在陰涼通風處。

牛蒡

保存方法

先以沾濕的廚房用紙巾包裹，再以報紙保裹外層，放在陰涼通風處。

馬鈴薯

保存方法

馬鈴薯放入籃子或箱子中，放在陰涼通風處。

茄子

保存方法

放在室溫約可保存2天，但之後需放入夾鍊袋或密封袋中，放入冰箱冷藏保存。

芋頭

保存方法
短時間的保存是以報紙包裹，放入冰箱冷藏。
此外，可削除外皮後切塊，放入夾鍊袋中，移入冰箱冷凍保存，保存期限較長。

花椰菜

保存方法
將整顆花椰菜直立，以保鮮膜包裹或放入夾鍊袋中，避免水分乾掉，放入冰箱冷凍保存。或者將莖部切成一口大小，葉部分成數小朵，一同放入夾鍊袋中，放入冰箱冷藏保存。

南瓜

保存方法
切開後的南瓜先挖掉籽，再以保鮮膜包裹，放入冰箱冷藏保存。

豆芽菜

保存方法
放入夾鍊袋中，袋口不要緊閉，放入冰箱冷藏保存。

青椒、甜椒

保存方法
放在室溫約可保存2天，但之後需放入夾鍊袋或密封袋中，放入冰箱冷藏保存。

長蔥

保存方法
先將會吸收養分的根部切除，再將長度分切成兩份，擦乾水分，以保鮮膜或密封袋包緊，放入冰箱冷藏保存。

蕃茄

保存方法
將蕃茄的蒂頭朝下，裝入夾鍊袋或密封袋中，放入冰箱冷藏保存。

蒜頭

保存方法
將蒜頭放入網子中，一個個綁好，綁成一串，吊掛在無陽光直射的陰涼通風處保存。或者裝入籃中，放在陰涼通風處保存。

香菇

保存方法
不需清洗，只要輕敲出髒污，再將蕈柄朝上，以保鮮膜包裹，放入冰箱冷藏保存。

檸檬

保存方法
切半的檸檬可以保鮮膜包裹，放入冰箱冷藏保存。或者擠成檸檬汁，倒入有蓋容器中冷藏保存。

乾貨

保存方法
以密封袋包緊，放在陰涼通風處。

豆腐

保存方法
容易破碎的豆腐，可放在注入水的有蓋容器中，或無蓋容器中，蓋上保鮮膜，放入冰箱冷藏保存。

牛奶

保存方法
沒喝完的牛奶需以夾子夾緊封口，不然會吸入其他食材的味道。可放在冰箱冷藏保存，盡量短時間內喝完。

雞蛋

保存方法
以圓頭朝上、尖頭朝下的方式置放於冰箱冷藏室中。

咖哩糊類

保存方法
以密封袋裝，放入冰箱冷凍，食用時再取出以微波爐半解凍後再烹調。

高湯

保存方法
可分成每次食用的量，以密封袋裝，或倒入製冰器中，放入冰箱冷凍做成塊狀，使用上也相當方便。食用時再取出以微波爐解凍或倒入鍋中加熱。

白飯

保存方法
可分成每次食用的量，以保鮮膜或密封袋包緊，放入冰箱冷凍，食用時再取出以微波爐解凍，約可保存2～3個星期。

Spanish Omlette

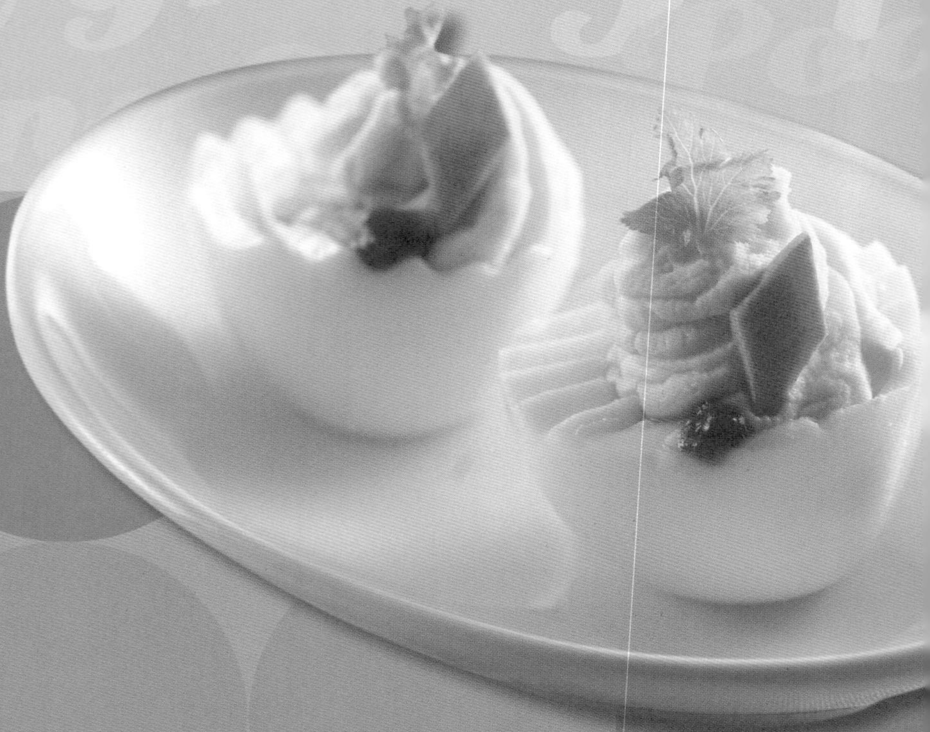

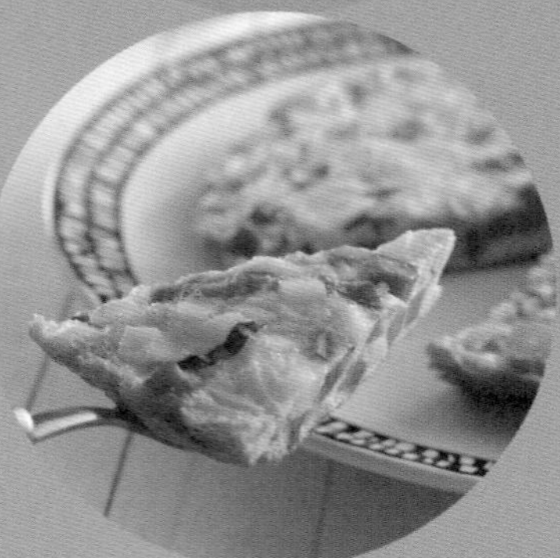

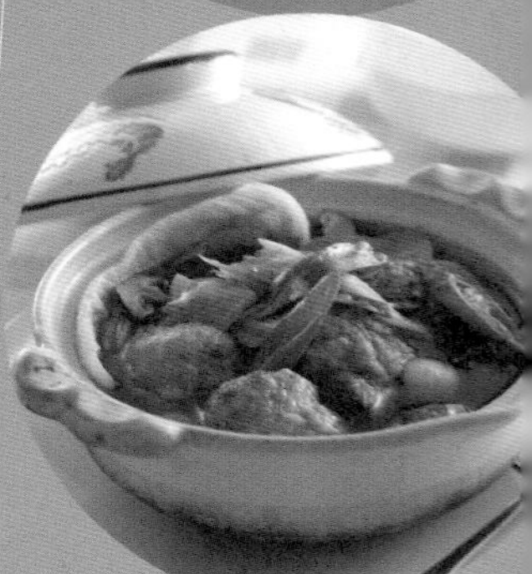

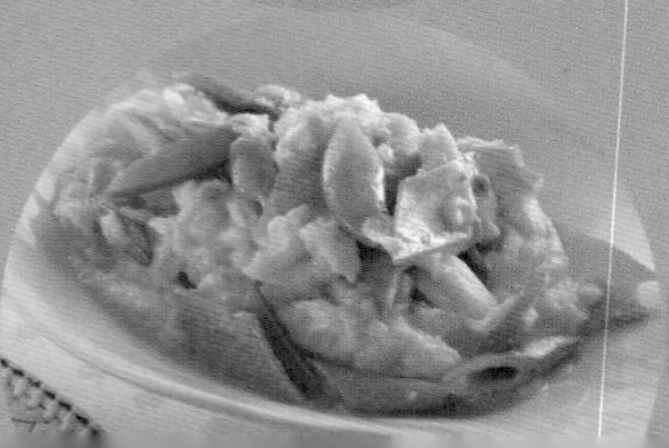

簡單做便宜買
蛋豆腐料理

蛋和各類豆腐產品是最常見的食材，
別小看一顆小小的雞蛋和不起眼的豆腐，
以不同的烹調方式加上配料，
好吃得不得了的經典、創意蛋豆腐料理，
絕對讓你大開眼界！

Eggs

雞蛋有利於生長發育

雞蛋中含有豐富的蛋白質、脂肪、卵黃素、卵磷脂、維生素A、B群和微量元素、無機鹽等營養成分,蛋黃更是營養精華所在,有利於生長發育。

吃雞蛋愛地球

根據瑞典研究人員的報告指出,生產1公斤的蛋會產生1,600克的溫室氣體,1公斤的豬肉產生約5,000克,而1公斤的牛肉則產生15,300～25,000克。所以,雞蛋可說是最環保的蛋白質來源。

日式煎蛋   3人份

|材料|
雞蛋6個、橄欖油3大匙、燒海苔1片

|調味料|
柴魚粉1/2小匙

|做法|

1. 將雞蛋打散,加入柴魚粉、橄欖油拌勻成蛋液。

2. 專門用來煎蛋的方鍋燒熱(平底鍋亦可),以廚房紙巾抹上少許橄欖油,先倒入少許蛋液,動一下鍋子使蛋液佈滿整個鍋面,煎成略熟的蛋皮,再以鍋鏟將蛋皮折成3摺,將蛋卷往前推到鍋中間。

3. 繼續倒入少許蛋液,用鍋鏟撐起蛋卷,倒入少許蛋液,使蛋液流入蛋卷的下方。

4. 再次將煎好的蛋卷推到鍋中間,此時蛋卷會愈來愈大卷,重複做法**2.**和**3.**直到蛋液完全用完為止。

5. 如蛋卷形狀不整齊,可將完成的蛋卷放入壽司竹捲簾中,以竹捲簾將蛋卷壓成四方形,外圈捲上燒海苔條,切一口大小即成。

Tips

煎好一個漂亮的蛋卷,按照以下幾個步驟做即可。

1. 將蛋液倒入燒熱的鍋中。
2. 煎至半熟,將蛋皮輕輕往回摺。
3. 如圖摺成4摺,成一個長方條,將蛋卷推到中間。
4. 繼續倒入蛋液,重複 **2.**、**3.** 步驟。
5. 將捲成大四方形的蛋卷往回推。
6. 整個蛋卷完全捲好。

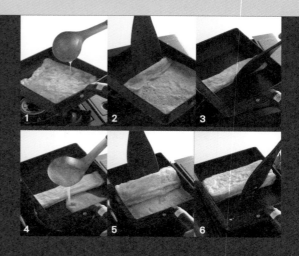

西班牙烘蛋 4人份

|材料|

牛蕃茄1/2個、馬鈴薯1個、素火腿100克、洋蔥1/4個、胡蘿蔔50克、雞蛋5個、西洋芹1支、九層塔8片、橄欖油3大匙

|調味料|

胡椒鹽少許

|做法|

1. 牛蕃茄去皮去籽切丁，馬鈴薯、素火腿、洋蔥、胡蘿蔔切丁。西洋芹去皮拔掉筋，切丁。九層塔洗淨擦乾水分。

2. 將雞蛋打散，先加入馬鈴薯、素火腿、洋蔥、西洋芹、胡蘿蔔、牛蕃茄和九層塔，再加入胡椒鹽和1大匙橄欖油稍拌勻成蛋液。

3. 平底鍋燒熱，倒入2大匙橄欖油，先加入蛋液拌炒至半熟，再將半熟的蛋鋪平，放入烤盤。

4. 將烤盤放入已預熱的烤箱，以上火200℃、下火180℃（單一烤溫則為190℃）烤約15分鐘，取出切片，食用時亦可搭配蕃茄醬。

Tips

1. 這道烘蛋製作上的重點，在於蛋液先加熱至半熟，不需炒至全熟，再以烤箱加熱至熟來食用。

2. 牛蕃茄的汁液較少，酸味重，肉較厚，能耐久煮，適合用來燉煮、夾吐司或當作沙拉生食。

Eggs

陽光蕃茄助你抗氧化

牛蕃茄又叫陽光蕃茄，含豐富的茄紅素，可幫助提升免疫力，具有抗氧化效果、預防心血管疾病和抗老化，還有豐富的蛋白質，膳食纖維、維生素B$_1$、B$_2$、C等營養素，是營養價值極高的蔬果。

吃牛蕃茄愛地球

牛蕃茄的名字，是因許多歐洲人用來搭配烹煮牛肉而得名，目前國內也有栽培。除聖女小蕃茄，這道菜也可用到處可買到的一般種蕃茄製作。

Green Onions

蔥帶你遠離癌症

蔥含有蛋白質、脂肪、醣類、纖維質、礦物質和維生素A、B_1、B_2、C、胡蘿蔔素和維生素B_{12}、菸鹼酸等營養，幫助保護心血管、預防高血壓。帶來香氣的有機硫化物成分，促使排除致癌物質的，減少罹癌的機率。

吃蔥愛地球

三星蔥除了每年7～9三個月產量較少，其餘四季產量都充足。非盛產期時，其餘像北條蔥、蘭陽蔥等，都是入菜的好食材。

蔥花煎蛋 4人份

|材料|

三星蔥2支、雞蛋3個、橄欖油3大匙、大陸妹4片

|調味料|

胡椒鹽少許

|做法|

1. 三星蔥切成蔥花，大陸妹洗淨放入冰水中泡。

2. 將雞蛋打散，加入蔥花、胡椒鹽調味成蔥花蛋液。

3. 鍋燒熱，倒入橄欖油，先加入蛋液，改成小火煎至熟，翻面煎熟，再煎至表面上色且散出香氣，取出擺盤，以大陸妹裝飾即成。

胡蘿蔔甜豆滑蛋 3人份

|材料|
胡蘿蔔1/2條、甜豆150克、雞蛋4個、蒜苗1支、橄欖油3大匙

|調味料|
胡椒鹽少許、香油少許

|做法|

1. 胡蘿蔔切菱形片,甜豆切斜半,蒜苗切斜刀片。

2. 胡蘿蔔、甜豆放入滾水中氽燙,撈出瀝乾水分。

3. 將雞蛋打散,加入胡椒鹽調成蛋液。

4. 鍋燒熱,倒入橄欖油,先放入蒜白爆香,續入蛋液稍微拌炒至半熟,加入胡蘿蔔、甜豆、蒜青稍微拌炒一下,加入香油即成。

Tips

滑蛋加熱不能太久,所以,胡蘿蔔、甜豆可先放入滾水中氽燙熟,最後再與蛋液一起稍微煮熟即可,烹調完成的食材較清脆,不會太老。

Sweetpea

甜豆有效降低血液中的膽固醇

甜豆中所含的大量蛋白質,纖維質能幫助修補肌膚、降低血液中的膽固醇,可以說對人體心血管的健康有極大的助益。

吃甜豆愛地球

冬天是甜豆的盛產期,尤其利用稻穀收割後的這一段期間種植,更能充分利用土地,生產更多具經濟效益的植物。

Eggs

雞蛋含有最佳的蛋白質

雞蛋中所含的蛋白質是品質最優的,若能搭配蛋白質量不豐的蔬菜食用,更可一餐獲得多種養分,提高蛋白質的吸收和利用。

吃雞蛋愛地球

根據瑞典研究人員的報告,生產1公斤牛肉和豬肉的能源消耗,分別是雞蛋的4.6和2.7倍,可見,雞蛋是最能達到環保目標的優質蛋白質來源。

和風水波蛋 2人份

|材料|
水1,000c.c.、白醋100c.c.、雞蛋2個、橄欖油1大匙、香菜2支

|調味料|
鹽1大匙、和風沙拉醬2大匙

|做法|

1. 將水、白醋和鹽倒入鍋中煮至滾,改成小火,打入雞蛋以湯匙收圓,煮約6分鐘,撈出瀝乾水分。

2. 煮好的雞蛋放入湯杯中,淋上和風沙拉醬、橄欖油,撒上香菜即成。

Tips

煮水波蛋時加入白醋,是可幫助蛋液凝結成圓,不會整個散開煮成蛋花湯。在白醋水中打入雞蛋,蛋白會漂散在水中,可以湯匙慢慢將蛋白往內翻,使包覆成一個圓形。此外,蛋要新鮮,才會凝結成圓型,成品的外觀較好看。注意火不能太大,只能以水中微冒泡的火力烹煮。

Japanese
Poached Eggs

溫泉蛋 2人份

|材料|

昆布1條、水1,250c.c.、柴魚片3克、雞蛋2個、太白粉水200c.c.、山茼蒿（春菊）1株

|調味料|

薄口醬油1大匙、味醂1大匙

|做法|

1. 昆布以濕布將表面擦乾淨。

2. 將250c.c.的水、昆布倒入鍋中，以小火煮約25分鐘，熄火，取出昆布，放入柴魚片泡約5分鐘，以濾網濾出汁液，即成柴魚高湯。

3. 將薄口醬油、味醂倒入柴魚高湯，倒入太白粉水勾芡成醬汁，放冷。

4. 將1,000c.c.的水倒入鍋中煮至70℃（微冒小泡），加入雞蛋，以中火煮約3分鐘，取出放冷。

5. 將山茼蒿放入高腳杯中，倒入醬汁，再將蛋打入高腳杯中，即成。

Fireweed

山茼蒿可預防便秘

山茼蒿含有的粗纖維，有助腸道蠕動、消化，幫助排便，預防便秘的產生。

吃山茼蒿愛地球

山茼蒿是常見的野菜，一年四季都有種植，但春天至秋天是產量較多，價格低，可以品嘗的好時間。

Tips

薄口（薄味）醬油是日本人最常使用的調味料，顏色較淡，含鹽量較濃口（濃味）醬油低，一般適合烹調蔬菜、白色魚肉和火鍋等料理。

Mushroom

洋菇具高營養價值

洋菇又叫蘑菇,含有極易為人體吸收的蛋白質和所需的各種胺基酸、維生素B_1、B_2、B_6、C、鐵、鉀、鈣、鋅等,具高營養價值。豐富的水分和膳食纖維,讓你排便更順利。

吃洋菇愛地球

洋菇中豐富的蛋白質,可幫助素食者或少吃肉者獲得高品質的蛋白質,加上國內全年都有栽培,到處都買得到,既營養又環保。

洋菇起司恩利蛋 3人份

|材料|

洋菇6個、起司片1片、雞蛋4個、動物性無糖鮮奶油2大匙、橄欖油4大匙、九層塔葉少許

|調味料|

胡椒鹽少許

|做法|

1. 洋菇切片,起司片切丁。

2. 平底鍋燒熱,倒入1大匙橄欖油,先加入洋菇炒香後取出。

3. 將雞蛋打散,先加入鮮奶油、胡椒鹽、1大匙橄欖油拌勻成蛋液。

4. 平底鍋燒熱,倒入2大匙橄欖油,加入蛋液先稍微拌炒,放入炒好的洋菇和起司,先拌炒數下,上方往內摺成倒V狀,放上料再對摺,翻面煎熟,取出放在盤中,以九層塔葉裝飾即成。

Omlette with Mushroom Cheese

馬鈴薯蛋沙拉 2人份

|材料|

洋蔥15克、雞蛋2個、胡蘿蔔100克、馬鈴薯2個、西洋芹1支、黃芥末醬1大匙、美乃滋4小匙、蕃茄醬1大匙、巴西里（Parsley）少許

|調味料|

胡椒鹽少許

|做法|

1. 洋蔥切碎。馬鈴薯去皮切成適當大小的塊狀，泡水。

2. 雞蛋煮成水煮蛋，一個切片，另一個切碎。胡蘿蔔、西洋芹切小丁，放入滾水中汆燙，撈出瀝乾水分。

3. 備一鍋冷水，放入馬鈴薯煮，待水滾後改成小火，煮約15分鐘，撈出瀝乾水分，壓成泥後拌至冷。

4. 將洋蔥、胡蘿蔔、西洋芹、黃芥末醬、蛋碎和美乃滋加入馬鈴薯泥中，加入胡椒鹽後拌勻，盛入盤中。

5. 放上蛋片，撒上巴西里，可搭配蕃茄醬食用。

Tips

煮馬鈴薯需用冷水煮，先以中火煮到水滾，再改小火煮約15分鐘。這樣可避免馬鈴薯外熟而內部不熟軟。

Potato

馬鈴薯可有效降低血脂

馬鈴薯又叫洋芋、土豆，皮洗淨後連皮一起烹調，可吃入更多的纖維和多酚，除了有飽足感，還能提高抗氧化力，降低血脂。

吃馬鈴薯愛地球

國產馬鈴薯的產期，約從12月到第二年的4月，可以吃到最新鮮的馬鈴薯。其他時間吃到的，多是將馬鈴薯經過冷藏後再販售，建議多吃當季蔬菜。

Parsley

巴西里可預防骨質疏鬆

巴西里又叫荷蘭芹、洋香菜，含有維生素A、C、E、鐵、鈣、碘等營養素，其中大量的鈣，有助於預防骨質疏鬆。

吃巴西里愛地球

時常用作香料的巴西里又叫洋香菜葉，可利用的部分包含葉、莖、花、種子和根等部分，幾乎全株可用。小小一株，種植地不需太大，經濟價值極高。

沙拉蛋 3人份

|材料|

胡蘿蔔15克、雞蛋2個、美乃滋1大匙、巴西里1支

|調味料|

胡椒鹽少許、蕃茄醬1/4小匙

|做法|

1. 胡蘿蔔切菱形片，放入滾水中汆燙，取出。巴西里取葉子。

2. 雞蛋放入冷水鍋中開始煮，待滾後改成小火煮約10分鐘，撈出雞蛋放入冰水中泡，取出雞蛋。

3. 待雞蛋完全涼後剝除外殼，切成對半，取出蛋黃。

4. 將蛋黃、美乃滋和胡椒鹽拌勻，倒入擠花袋中，擠回蛋白中，放上胡蘿蔔、巴西里和蕃茄醬即成。

Eggs with Salad

三色蛋 3人份

|材料|
雞蛋5個、皮蛋2個、鹹蛋2個

|調味料|
胡椒鹽少許、香油1大匙、米酒1大匙、水2大匙

|做法|

1. 將3個雞蛋打散,連同第4個雞蛋的蛋白倒入盆中,加2大匙水拌勻。

2. 第4個雞蛋的蛋黃和第5個雞蛋倒入另一盆中打勻。

3. 皮蛋、鹹蛋剝除外殼後切丁,全倒入做法**1.**的盆中,謹慎地攪拌,再倒入米酒,拌勻成三色蛋液。

4. 準備一個圓模型,放入保鮮膜鋪好,倒入三色蛋液,放入蒸鍋中先蒸10分鐘,取出模型鋪上做法**2.**的蛋液,再放入蒸鍋中蒸約3分鐘,取出抹上香油,切片盛盤即成。

Tips

1. 保鮮膜鋪入模型時,可以毛刷塗抹少量的橄欖油,再倒入蛋液蒸熟,完成的三色蛋會比較容易脫膜。模型也可使用碗,大小得視材料的量而定。

2. 製作過程中因蛋黃會老化,所以要快熟了才加入蛋黃,而且要放冷才可以切,不然會整個碎掉。

eggs

蛋黃是最棒的營養寶庫

蛋黃中的蛋白質是蛋白的1.5倍,鐵有35倍,鈣有10倍,維生素A更是只有蛋黃才有,所以,整個蛋都要一起吃下去。

吃雞蛋愛地球

食用後的雞蛋殼,丟了很可惜,可將剩餘的些許蛋液連同蛋殼,放在家中種植的盆栽上,蛋液的營養留入土中,蛋殼也可回歸大自然。

鐵板豆腐燴什蔬 3人份

Bamboo Shoots

竹筍讓人更有飽足感

竹筍肉有豐富的粗纖維，適量食用，可以幫助腸胃蠕動，有助消化，順利排便，加上低熱量，更讓人食後有飽足感。

|材料|
中華豆腐1盒、青椒1/2個、竹筍1支、蒜仁2粒、胡蘿蔔1/4條、洋蔥1/4個、蔥2支、紅辣椒1支、新鮮香菇3朵、水200c.c.、太白粉水50c.c.、橄欖油少許

|調味料|
醬油膏2小匙、米酒2小匙、香油1大匙、柴魚粉1/2小匙

|做法|
1. 中華豆腐切片，青椒、竹筍和蒜仁、香菇都切片，胡蘿蔔切菱形片，洋蔥切絲，蔥切段，紅辣椒切斜片。

2. 鐵板（平底鍋）燒熱，抹些許橄欖油，先放入豆腐一面煎上色，翻面煎至熟。

3. 另將鍋燒熱，倒入些許橄欖油，先放入洋蔥、蒜片炒香，續入胡蘿蔔、紅辣椒和香菇、竹筍和青椒，倒入調味料和200c.c.的水，再加入太白粉水芶芡，滴入香油成醬汁。

4. 將醬汁淋到熱的鐵板豆腐上，撒上蔥段即成。

Tips

告訴你簡單剝除筍殼的方法：
1. 首先將刀刃直向插入筍殼。
2. 刀子往下切。
3. 刀尖沿著筍殼順時鐘轉一圈。
4. 直到轉完整個竹筍殼為止。

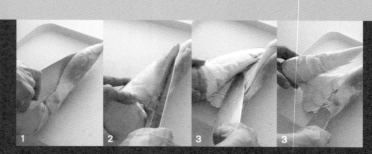

豆腐獅子頭 4人份

|材料|
板豆腐1塊、洋蔥1/6個、台芹20克、胡蘿蔔100克、荸薺3粒、紅辣椒1支、蒜仁5粒、大白菜1/2顆、蔥1支、乾香菇5朵、太白粉2小匙、中筋麵粉1大匙、水500c.c.

|調味料|
醬油1大匙、蠔油3大匙、香油1大匙

|做法|

1. 將板豆腐壓成泥，用紗布擠壓過濾出水分。洋蔥、台芹和20克削除外皮的胡蘿蔔、荸薺都切碎，紅辣椒切斜片。

2. 將做法**1.**中的材料加入太白粉、醬油和中筋麵粉拌勻，做成一顆顆的圓球。

3. 蒜仁去頭切片，80克的胡蘿蔔切片，大白菜切塊，蔥切段，香菇泡冷水至軟後切成塊狀。

4. 鍋燒熱，倒入香油，先放入蒜仁爆香（呈金黃色），續入大白菜、胡蘿蔔片煮至軟，加入蠔油、500c.c.的水煮至滾，改小火煮約15分鐘。

5. 準備一油鍋，待油溫升至170℃，放入圓球炸至外表呈金黃色，撈出瀝乾油分，加入做法**4.**的湯汁中再煮約10分鐘，最後加入炸至金黃色的蔥段和紅辣椒即成。

Tips
1. 測試170℃的油溫，可試著將筷子筆直放入油鍋，如果筷子邊緣迅速起了小泡泡，約已以達到170℃的溫度。
2. 豆腐一定要把水脫乾，這樣獅子頭才會硬實耐煮，裡面的蔬菜料可依個人喜好加入。

Tofu

豆腐可預防骨質疏鬆
豆腐是高蛋白質的食物，以大豆為主材料，內含的大豆異黃酮，不僅可以降低體脂肪，更能增加人體的骨質密度。

吃豆腐愛地球
豆類中含有大量的蛋白質，這是除了從肉類攝取之外，另一個極佳的蛋白質攝取來源。

Radish

白蘿蔔幫助消化助排便

白蘿蔔含有大量的水分和膳食纖維，熱量又低，可幫助腸道蠕動，有利於消化，讓你輕鬆排便。

吃白蘿蔔愛地球

白蘿蔔的產期是從秋天直到第二年的春天（約8月到第二年的4月），其根、葉，甚至是皮都可以做菜食用，可說是一完整的食物，一點都不浪費。

日式炸豆腐 2人份

|材料|
中華豆腐1盒、白蘿蔔30克、米酒2小匙、中筋麵粉100克、蔥1支

|麵糊|
脆漿粉200克、雞蛋1個、水100c.c.

|醬汁|
柴魚高湯3大匙、薄口醬油1大匙、味醂1大匙

|做法|

1. 豆腐切成方塊狀。脆漿粉、雞蛋和水拌勻成麵糊。蔥洗淨。

2. 將白蘿蔔、米酒倒入調理機或果汁機中打成泥狀，擠壓濾出水分。

3. 柴魚高湯的做法參照p.23的做法2.。柴魚高湯、薄口醬油和味醂拌勻成醬汁。

4. 豆腐先沾裹中筋麵粉，再沾麵糊，一塊塊放入180℃的油鍋中，炸至外表呈金黃色且熟，撈出瀝乾油分，放入盤中，撒上蔥花。

5. 白蘿蔔泥以手堆成圓錐形。食用時，沾取白蘿蔔泥和醬汁，可切點蔥花一起食用。

Tofu Balls with Garlic Sauce

麻婆豆腐 3人份

|材料|

中華豆腐1盒、乾香菇2朵、蒜仁4粒、紅辣椒1支、薑30克、蔥1支、花椒少許、橄欖油2大匙、水200c.c.

|調味料|

醬油2小匙、米酒2小匙、辣豆瓣醬1大匙、細砂糖少許、香油1大匙

|做法|

1. 中華豆腐切丁。乾香菇放入冷水泡軟，瀝乾水分後切小丁。

2. 蒜仁、紅辣椒和薑切碎。蔥切成蔥花，花椒壓碎。

3. 鍋燒熱，倒入橄欖油，先放入香菇、蒜仁、薑、紅辣椒、花椒爆香，續入醬油、米酒、細砂糖、辣豆瓣醬和200c.c.的水，試完味道後加入豆腐稍微煮5分鐘，最後加入蔥花，淋上香油即成。

Tips

1. 加入花椒時火要改小，避免炒焦，使得變苦而不辛香。
2. 中華豆腐切丁加入後要謹慎拌炒，不可炒破豆腐，成品的外觀才會好看。

Tofu

嫩、板豆腐有植物肉的美稱

嫩、板豆腐中所含的蛋白質可與肉類相比，不含膽固醇，不會攝取到過多的脂肪，有植物中的肉類之稱。其原料大豆含有的卵磷脂，還可除掉血管壁上的膽固醇，預防心血管疾病。

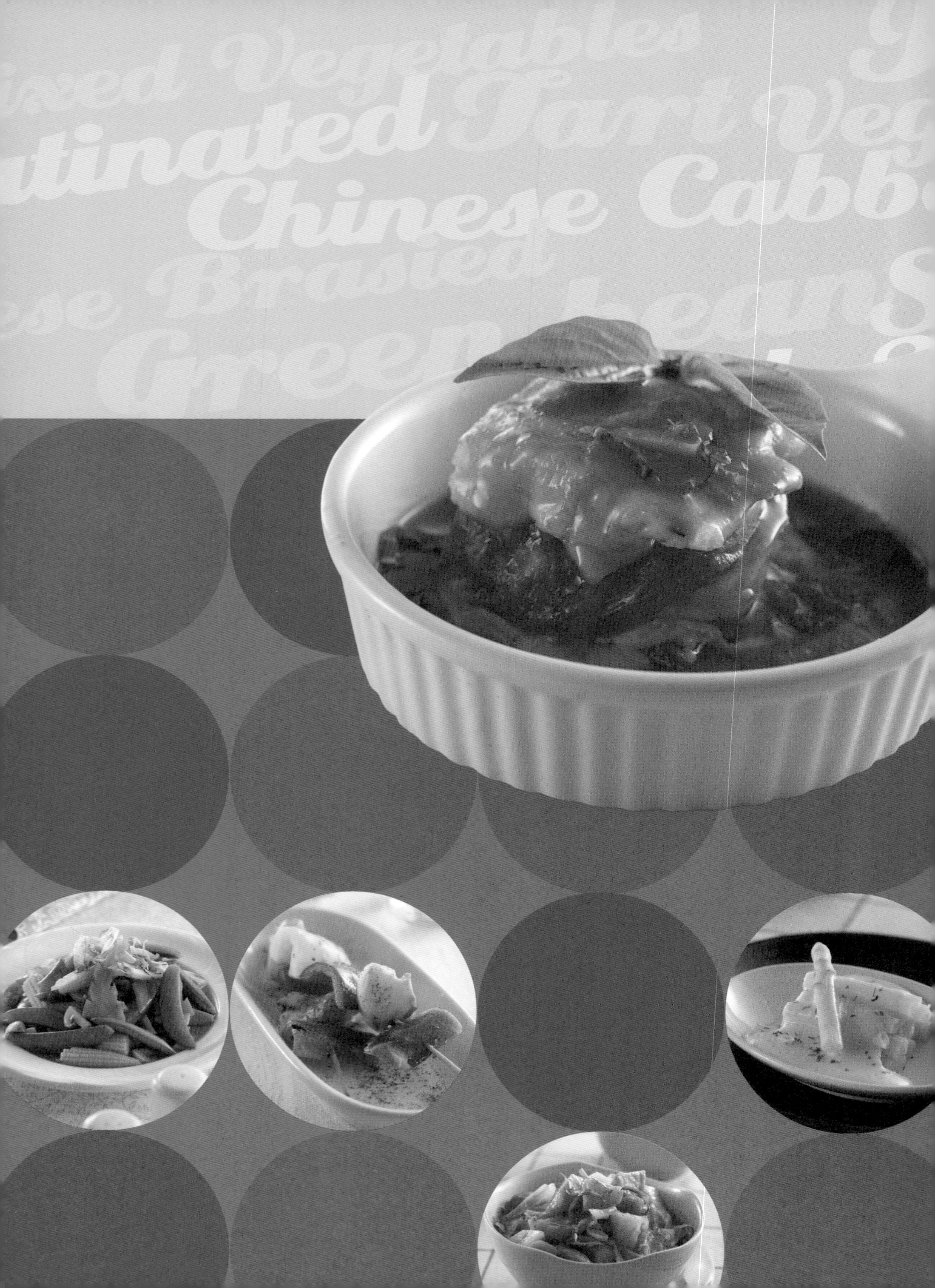
Chinese

這樣吃最清淡
美味料理

喜愛清淡口味的人，
不是只有炒青菜、蔬菜湯這些選擇。
當季蔬果加上巧妙的變化下，
更能品嚐到西式的千層蔬菜塔、
奶油焗白菜、匈牙利燴蔬菜、荷蘭醬白蘆筍；
日式的燴甜豆、芝麻拌牛蒡；
中式的高麗菜卷和蔬菜煎餅等好菜喔！

Gratinated Chinese Cabbage

奶油焗白菜 3人份

|材料|

乾香菇2朵、木耳1片、薑15克、大白菜1/2個、奶油15克、高筋麵粉15克、牛奶300c.c.、起司絲100克、巴西里末少許

|調味料|

胡椒鹽少許、細砂糖少許

|做法|

1. 乾香菇放入冷水中泡至軟，取出瀝乾水分後切絲。木耳、薑切絲，白菜切成適當大小的塊狀，巴西里切末。

2. 鍋燒熱，加入奶油，續入薑、乾香菇和木耳以小火炒，待炒出香氣後加入大白菜炒至出水，倒入高筋麵粉炒至麵粉變熟（麵粉味道消失），倒入牛奶，煮至湯汁變濃稠。

3. 繼續加入調味料，續入一半的起司絲炒至起司融化，全部倒入焗烤碗中，鋪上剩餘的起司絲，放入已預熱的烤箱，以上火180℃烤至起司絲上色（只要呈金黃色即可取出，不要烤太久），取出撒上巴西里末即成。

Tips

高筋麵粉的吸水性較強，這裡加入了高筋麵粉可吸收白菜滲出的多餘水分，避免過濕影響口感。

Chinese Cabbage

大白菜是值得推薦的低熱量蔬菜

白菜除了含豐富的葉酸、維生素C、鈣質等的優點，加上每一百卡的白菜中僅12大卡的熱量，可以說是最佳減肥蔬菜。

吃大白菜愛地球

包心大白菜、高麗菜、菠菜等高冷蔬菜，主要生產於南投縣仁愛、和平等鄉，及宜蘭縣的三星、大同等鄉。台灣一年四季都有生產，而5～11月為盛產期，遇到風災水患蔬菜供量減少時，可改選高冷與根莖類蔬菜。

千層蔬菜塔 3人份

|材料|
牛蕃茄1個、胡蘿蔔100克、馬鈴薯1個、洋蔥1/2個、蒜仁2粒、橄欖油100c.c.、市售原味義大利麵醬6大匙、蔬菜高湯150c.c.、起司片5片、安佳奶油15克、九層塔葉適量

|調味料|
胡椒鹽少許、細砂糖少許

|做法|
1. 將牛蕃茄、胡蘿蔔、馬鈴薯和洋蔥切成圓片，加入胡椒鹽、橄欖油略醃，橄欖油需超過食材的高度。蒜仁切成片狀。

2. 平底鍋加熱，倒入些許橄欖油，放入蒜片炒至呈金黃色，加入義大利麵醬、蔬菜高湯煮約15分鐘，加入調味料，續入奶油拌勻成醬汁。

3. 取出洋蔥片鋪在盤子上，依序放上起司片、蕃茄片、起司片、馬鈴薯片、起司片，放入已預熱的烤箱，以上火180℃/下火180℃（單一溫度則為180℃）烤約15分鐘，取出淋上醬汁，放上九層塔葉即成。

Tips
1. 做法1.中以橄欖油醃食材時，油必須完整醃到食材，可選擇小一點但有深度的容器，就不需倒入過多的橄欖油即可醃漬食材。
2. 自己製作蔬菜高湯時，可將洋蔥、西洋芹、胡蘿蔔和蒜苗（又叫調味蔬菜，可增加料理香氣但不搶味）倒入鍋中，加入冷水煮約30分鐘，過濾出汁液即成。材料和水的比例是1:3（每樣蔬菜的量需相同）。可以用在炒麵、煮湯、炒菜、燴菜，味道較香。

Cheese
吃起司片可以補充鈣質
起司片含有的營養中，鈣質有助於發育中的孩童和青少年長高長壯，中年人食用，則可補充流失的鈣質，預防骨質疏鬆症。

Wood Ear Mushroom

木耳有植物燕窩之稱

木耳含有豐富的膠質、膠原蛋白、膳食纖維，不僅可常保肌膚柔嫩水噹噹，還可促進排便和脂肪的排泄。

吃木耳愛地球

燕窩是金絲燕以吐出的膠體液築成的巢，吃燕窩會影響到燕子的生態，不如選擇有植物燕窩之稱的木耳，營養成分一樣不輸給燕窩。

和風燴甜豆 3人份

|材料|

甜豆200克、胡蘿蔔100克、蒜仁3粒、柴魚高湯300c.c.、太白粉水100c.c.、柴魚片2小匙、玉米筍100克、洋菇5朵、木耳20克、橄欖油1大匙

|調味料|

胡椒鹽少許、香油少許

|做法|

1. 甜豆去頭尾，胡蘿蔔切花片，蒜仁去頭尾，玉米筍切斜刀，洋菇和木耳切片，柴魚高湯的做法參照p.23的做法**2.**。

2. 鍋燒熱，倒入橄欖油，先放入蒜仁炒至呈金黃色，續入胡蘿蔔、洋菇、玉米筍、木耳、柴魚高湯煮約5分鐘，再加入甜豆煮至熟。

2. 倒入太白粉水芶芡，以胡椒鹽調味，滴入香油，盛入盤中，撒上柴魚片即成。

Tips

甜豆因為比較容易熟，建議不要一開始就放入甜豆煮，避免煮得過於生硬、口感不佳。

義大利泡菜 4人份

| 材料 |

大白菜1顆、義大利陳年酒醋（Balsamico）200c.c.、蒜仁5粒、紅辣椒1支、熟花生50克、蒜苗1支、橄欖油2大匙、鹽1大匙

| 調味料 |

細砂糖少許、胡椒鹽少許

| 做法 |

1. 大白菜切塊，加鹽，待出水後擠壓出水分，使其脫水。蒜苗切絲。

2. 將陳年酒醋、蒜仁、紅辣椒、調味料倒入食物調理機或果汁機中打勻。

3. 將打勻的醋汁倒入大白菜中，以重物（如石頭）壓著，醃約一個晚上。

4. 取出大白菜切成絲，撒上烤過的熟花生、蒜苗，淋上橄欖油和些許醋汁即成。

Garlic

多吃大蒜可預防疾病

蒜仁含大量的維生素C、硫、磷、鐵、鋅、硒、銅、鎂和鍺等稀有元素，尤其是它特有的蒜素，具有殺菌、抗菌作用，因為可進一步產生有機硫化合物，有助於多種疾病的預防和治療，還能減少致癌物的形成。

Tips

義大利陳年酒醋（Balsamico）是以葡萄為主原料釀製，經過發酵，依發酵時間的不同而有不同等級，價格不一。嚐起來酸酸甜甜，可調配沙拉醬汁，沾麵包、餅乾，或搭配蔬菜、白肉料理食用。

Tips

1. 如果沒有碳烤鍋，也可以將直接抹上橄欖油的蔬菜放在平底鍋上面煎。
2. 乾燥的奧勒岡多半用在調味，通常搭配蔬菜、肉類食用，一般超市買得到小瓶裝的。

Sweet Pepper

多吃甜椒幫你養顏美容

微甜味的紅、黃、綠色甜椒，帶來足夠的維生素A、C和鈉、鉀、鈣、鎂、磷、鐵、鋅等礦物質，多吃可養顏美容、增加個人的免疫力、抗老化。

吃甜椒愛地球

嘉義縣新港鄉有所謂的「四寶一美人」農產品，分別是空心菜、地瓜葉、蕃茄、彩色甜椒等四寶及洋桔梗花一美人，其中彩色甜椒還是全國數量及品質之最，生產期約自10月開始，至翌年6月，是在地好食材。

碳烤什蔬 2人份

|材料|
紅甜椒1個、黃甜椒1個、青椒1個、茄子1條、蒜仁1粒、新鮮香菇3朵、杏鮑菇1支、橄欖油5小匙

|調味料|
奧勒岡（oregon）1大匙、胡椒鹽少許

|做法|

1. 紅、黃甜椒和青椒都去掉裡面的籽，切成一口大小的片狀。

2. 茄子切片，新鮮香菇刻花，杏鮑菇切半，蒜仁切碎，連同紅、黃甜椒及青椒，全部材料拌入胡椒鹽、奧勒岡和橄欖油醃約12分鐘。

3. 碳烤鍋燒熱，撒上少許橄欖油，放入各種蔬菜料碳烤，記得碳烤鍋一定要熱，材料才可碳烤出痕跡，烤熟盛入盤中即成。

Mixed Vegetables Barbecue

串燒什蔬 2人份

|材料|
杏鮑菇1支、青椒1個、紅甜椒1個、黃甜椒1個、蒜仁6粒、橄欖油2大匙

|調味料|
胡椒鹽少許、薄口醬油1大匙、七味粉1/2小匙

|做法|

1. 杏鮑菇、青椒、紅甜椒和黃甜椒都切塊。蒜仁去頭尾。

2. 以竹籤串起杏鮑菇、青椒、紅甜椒、黃甜椒和蒜仁，用胡椒鹽、橄欖油醃約10分鐘。

3. 將串好的蔬菜料放入烤箱中，僅開上火250℃烤至熟且上色（單一烤溫則為250℃），但烘烤的過程中，需隨時注意避免蔬菜烤過頭變焦，只要蔬菜一熟且上色，就可取出。

4. 在蔬菜串上淋上薄口醬油，撒上七味粉即成。

Tips

七味粉是日本料理中吃拉麵和牛肉飯時常用到的調味料，它是由山椒粉、黑芝麻、生紅辣椒、熟紅辣椒、芥子、麻實和陳皮等7種材料組成，帶香氣和辣味。

Green Pepper

青椒可增強身體的抵抗力

嚼起來有特殊氣味的青椒，所含的大量維生素C，可幫助鐵質的吸收，以及增強身體的抵抗力和復原力，夏天防止中暑、增進體力。

Onion

洋蔥可減少中風、心臟病的發生

洋蔥在纖維質外，還含有生物類黃酮裡的槲皮素成分，可以防止壞膽固醇氧化，對心血管有很好的保護效果，可以減少中風、心臟病發生的機率。

吃洋蔥愛地球

台灣常見在地的洋蔥有黃、白和紅三種。黃色洋蔥的肉質較細，烹煮後釋出高甜味，可用在熱炒和煮湯。白洋蔥含高水份和高甜度，適合烘烤或燉煮。紅色洋蔥則較清脆，帶重辛辣味，多用來製作生菜沙拉。

涼拌洋蔥 3人份

|材料|
洋蔥1個、牛蕃茄1個、柴魚片適量、檸檬1/2個、烤熟黑白芝麻1大匙、香菜1株

|調味料|
芥末沙拉醬2大匙

|做法|

1. 洋蔥切成細絲後放入冰水中泡，牛蕃茄去籽切絲，檸檬壓出汁液。

2. 將洋蔥放入容器中，倒入芥末沙拉醬、檸檬汁，撒上烤過的黑白芝麻、柴魚片、牛蕃茄以香菜葉裝飾，食用時再拌均勻即可。

涼拌四季豆 2人份

|材料|
四季豆200克、紅辣椒1支、蒜仁4粒、橄欖油1大匙

|調味料|
胡椒鹽少許、細砂糖少許、香油1大匙

|做法|

1. 四季豆切適當的長度，紅辣椒刮去籽後切成細條，蒜仁切片。

2. 四季豆、紅辣椒放入滾水中汆燙，撈出瀝乾水分。

3. 鍋燒熱，倒入香油和橄欖油，先放入蒜片炒至呈金黃色，續入四季豆、紅辣椒略微拌炒，加入胡椒鹽、細砂糖即成。

Tips

1. 紅辣椒要選粗長一點的，籽必須刮除以避免過辣。
2. 生的四季豆含有皂素，所以必須煮熟食用不能生吃，以免發生腹瀉、嘔吐等中毒現象。

String Bean

四季豆是減肥的好食物

四季豆又叫作敏豆，含有豐富的鎂、鉀、維生素B_2、維生素C，可增加熱量代謝的速度，降低體脂肪阻抗。另有大量的膳食纖維，飽足感高。

吃四季豆愛地球

國產四季豆的盛產期是從10月到第二年的6月，夏季則較看不到它的蹤影。一般多以汆燙後涼拌或少油烹炒，減少油煙對空氣的污染。

匈牙利燴蔬菜 4人份

| 材料 |

洋蔥1個、白蘿蔔1條、胡蘿蔔1條、馬鈴薯1條、地瓜1條、芋頭1條、義大利麵醬200克、高麗菜（紫高麗菜）1/4個、蒜仁4粒、紅蔥頭3粒、九層塔10片、麵粉1大匙、橄欖油3大匙、蕃茄糊1大匙、水1,000c.c.、月桂葉2片

| 調味料 |

匈牙利紅椒粉1大匙、胡椒鹽少許、細砂糖少許、白酒2小匙

| 做法 |

1. 洋蔥、白蘿蔔、胡蘿蔔、馬鈴薯、地瓜和芋頭切適當大小的塊狀。高麗菜切大片，蒜仁切片，紅蔥頭切碎，九層塔切粗絲。

2. 鍋燒熱，倒入橄欖油，先放入紅蔥頭，續入洋蔥、白蘿蔔、胡蘿蔔、高麗菜，倒入蕃茄糊炒至淡紅色，加入白酒、月桂葉，倒入1,000c.c.的水和義大利麵醬，開小火煮。

3. 將馬鈴薯、地瓜和芋頭撒入匈牙利紅椒粉、麵粉醃，放入180℃的油鍋中炸至外表呈金黃色，撈出瀝乾油分。

4. 炸好的馬鈴薯、地瓜和芋頭放入做法2.的鍋中，煮約12分鐘，加入胡椒鹽、細砂糖，放入容器中，撒上九層塔即成。

Tips

炸油僅用一次丟棄很浪費，可將用完的炸油放涼，以濾網濾出油渣，再將油倒入有蓋容器中蓋好，置於陰涼處，避免日光照射，並儘快使用完。

Red Cabbage

紫高麗菜改善便秘和貧血

紫高麗菜屬高纖維蔬菜，又叫作紫甘藍，含有豐富的維生素和礦物質，有助於改善便秘和貧血。

吃紫高麗菜愛地球

紫高麗菜產期從秋天直到第二年的春天，除了夏天，幾乎一年四季都可以買到當季盛產的紫高麗菜和高麗菜，難怪有國民蔬菜之稱。

荷蘭醬白蘆筍 2人份

|材料|
白蘆筍4支、蛋黃2個、奶油110克、巴西里末少許

|調味料|
胡椒鹽少許、鹽1/4小匙、新鮮檸檬汁1/2小匙、細砂糖少許、白酒1小匙

|做法|

1. 白蘆筍從底部削去約1/3長度的老皮。

2. 煮一鍋滾水,加入白蘆筍皮煮約5分鐘,濾出白蘆筍皮。加入白蘆筍煮至熟,取出切成適當長度,排入盤中。

3. 平底鍋中倒入水約1/2鍋子高度,加熱至約85℃。

4. 奶油隔水加熱,待全部融化成液體時,會有白色的部分下沈(奶水),以湯匙撈出上面油液體的部分,此為淨化奶油。

5. 取一鋼盆,加入蛋黃、白酒、鹽和檸檬汁,先稍打至起小泡,將鋼盆移到做法3.平底鍋的熱水上,繼續以攪拌器打至變成稍變白色。

6. 慢慢一點點加入淨化奶油,以攪拌器拌至奶油乳化,完全融合成濃稠狀,以少許細砂糖、胡椒鹽調味,即成荷蘭醬。

7. 將荷蘭醬淋在白蘆筍上,撒上巴西里末即成,亦可搭配松露薄片更對味。

Tips

1. 荷蘭醬是傳統的沙拉醬,最特別的地方在於它是熱的美乃滋,和一般冷美乃滋不同。通常可搭配熱的蔬菜、魚肉,並且一次儘量全部吃完,不可保存。

2. 台灣的白蘆筍較細,可削除底部約1/3長度的老皮,但削皮時注意不可削除過厚,只要將粗纖維削除即可。

Asparagus

白蘆筍可幫助維持心血管健康

白蘆筍含維生素 A、C、E、K、蛋白質、膳食纖維、水分和鉀、磷、鋅等礦物質,可幫助維持心血管健康、預防癌症和提升抗氧化能力。

吃白蘆筍愛地球

進口的白蘆筍價格較高,國產蘆筍的產季則在每年4～7月和10～11月,此時市售的白蘆筍價格較便宜,味美新鮮,是最佳的賞味期。

Banana

香蕉有最完整的營養成分

香蕉含有維生素A、B₁、B₂、B₆、C、葉酸、菸鹼酸和鉀、錳、鈣、鎂、磷、鐵等，其中鉀量是所有水果中最高的，可預防高血壓，加強鹽分排泄，預防水腫。

吃香蕉愛地球

盛產時價格非常便宜，但保存期短，容易變黑過熟而爛掉，可以製作成果醬，或加入西點中運用。利用香蕉皮做有機肥料也很環保，做法如下：將新鮮香蕉皮切碎放在花草的四周、不需埋入土裡，天氣好時，一兩天就會自然風乾，是開花植物的天然肥料。

芥子香蕉沙拉 2人份

|材料|
美生菜100克、香蕉1條、牛蕃茄1/2個、芥子沙拉醬（Mustard Sauce）4小匙、中筋麵粉50克、炸油適量

|麵糊|
中筋麵粉200克、蛋黃1個、水200c.c.、蛋黃粉1大匙、橄欖油1大匙

|調味料|
鹽1/4小匙

|做法|

1. 美生菜切絲。香蕉切塊，沾裹乾中筋麵粉。香菜挑取葉。牛蕃茄切半。

2. 麵糊材料的中筋麵粉、蛋黃粉過篩，和其他材料拌勻成麵糊。

3. 備一鍋炸油，待油溫升至170℃，放入沾裹了麵糊的香蕉，炸至酥，取出瀝乾油分。

4. 盤中放入美生菜和牛蕃茄，放上炸好的香蕉，淋上芥子沙拉醬。

風乾蕃茄沙拉 3人份

|材料|
洋蔥1/4個、風乾蕃茄400克、蘿蔓生菜200克、羅勒葉（九層塔葉）1株、小條法國麵包1/2條

|風乾蕃茄|
牛蕃茄4個、奧勒岡少許、橄欖油100c.c.

|調味料|
胡椒鹽少許

|做法|
1. 洋蔥切細絲，蘿蔓生菜剝成片狀，一起放入冰水中泡，撈出瀝乾水分。羅勒切成粗絲，法國麵包放入烤箱烤至呈金黃色。

2. 牛蕃茄切成船狀放入烤皿中，倒入橄欖油醃，再加入少許胡椒鹽、奧勒岡，移入烤箱以120℃烤約1個小時半，即成風乾蕃茄。

3. 將洋蔥、蘿蔓生菜、羅勒葉和法國麵包倒入容器中。

4. 加入風乾蕃茄稍微拌一下，續入風乾蕃茄滴下的油，最後加入調味料即成。

Tips
1. 風乾蕃茄需以120℃低溫烘烤，是因低溫烘烤可以保留蕃茄的水分，不至於烘烤得過分乾硬。估計需烤約2個小時的時間。
2. 亦可用小蕃茄製作，口味略不同但一樣美味。

Tomato

吃蕃茄愈來愈年輕
蕃茄富含蕃茄紅素，抗氧化的功效是維生素C的4倍，是人體抗衰老、延緩老化的最佳蔬果食材。

Tips

通常買到的西洋芹,外皮的纖維都較粗,在洗淨後可稍微削除外皮後再炒,口感較佳。

Celery

西洋芹是便宜的減肥零食

西洋芹的纖維質、鉀、鈣、水分很豐富,具有幫助清腸、降低血壓、清除血脂和改善貧血等功效。加上纖維較粗,需多加咀嚼才能消化,可使人易有飽足感。

炒西洋芹 3人份

|材料|

西洋芹3支、胡蘿蔔1/3條、竹筍1/2支、紅甜椒1/2個、洋菇4朵、蒜白1支、米酒2小匙、橄欖油2小匙

|調味料|

柴魚粉1/4小匙、胡椒鹽少許、芝麻油1大匙

|做法|

1. 西洋芹去粗皮切斜刀,胡蘿蔔切片,竹筍、紅甜椒切菱形片,洋菇切厚片,放入滾水中汆燙,撈出瀝乾水分。

2. 蒜白切斜片。

3. 鍋燒熱,倒入橄欖油,先放入蒜白炒香,續入汆燙熟的蔬菜料,倒入米酒炒香,加入調味料拌炒,最後淋上芝麻油即成。

Fried Celery

玉米筍炒什蔬 3人份

|材料|
玉米筍12支、胡蘿蔔1/4條、小黃瓜1條、蒜仁2粒、鴻喜菇1盒、橄欖油4小匙、水4小匙

|調味料|
胡椒鹽少許、香油少許

|做法|

1. 玉米筍切斜刀，胡蘿蔔刻花，小黃瓜切斜片，放入滾水中汆燙，撈出瀝乾水分。

2. 蒜仁切片，鴻喜菇切段。

3. 鍋燒熱，倒入橄欖油，先放入蒜片炒至呈金黃色，續入鴻喜菇炒軟，再加入汆燙熟的蔬菜料，倒入適量的水稍微煮一下，加入調味料，滴入香油即成。

Tips

1. 鴻喜菇不要切太短，這樣炒起來外觀和口感都會比較好。

2. 汆燙的水量和食材份量的比約為10:1即可。

Baby Corn

玉米筍有助於排便更順暢

玉米筍是玉米的幼嫩果穗，它含有大量維生素B$_2$、B$_6$、鉀、鎂、鐵和鈣及膳食纖維，有助於降低腸道對脂肪的吸收，還可幫助排便。

Burdock

牛蒡是最佳的瘦身食材

牛蒡是一高纖維食材，加上蛋白質、鈣、磷、鐵、鉀和維生素B、C等養分，對瘦身中的人來說，不啻是營養的食材。

芝麻拌牛蒡 3人份

|材料|
牛蒡1支、黑芝麻2大匙、細砂糖200克、檸檬汁1大匙、炸油500c.c.、中筋麵粉3大匙

|做法|

1. 牛蒡削除外皮後切絲，拌入中筋麵粉。

2. 備一鍋炸油，待油溫升至180℃時，放入牛蒡絲，炸至呈金黃色，取出瀝乾油分。

3. 細砂糖、檸檬汁倒入小鍋中，煮成糖醬，熄火，然後拌入牛蒡絲、熟黑芝麻，盛入盤中即成。

薑絲麻油炒山蘇 3人份

|材料|
山蘇300克、薑50克、枸杞1大匙、米酒3大匙

|調味料|
胡椒鹽少許、黑麻油2小匙

|做法|

1. 山蘇切適當的長度,薑切成細絲,枸杞放入冷水中泡軟。

2. 鍋燒熱,倒入黑麻油,先加入薑絲炒香,續入山蘇、米酒和枸杞,加入調味料,再煮一下即成。

Tips

以黑麻油搭配薑絲、山蘇一起炒,味道更香,且黑麻油和薑絲能溫暖人體,有滋補的效益。

Nest fern

最營養的山野小菜山蘇

山蘇含維生素C、鈣、鐵、鋅等營養素,可預防糖尿病、貧血和高血壓。

吃山蘇愛地球

在中低海拔山區森林裡,山蘇是經常可見的植物,只要在濕潤的林間,很容易發現它的蹤影,下回登山健行時,不妨多多留意這令人垂涎的野味。

Cabbage

抵抗胃潰瘍的天然胃藥

高麗菜含的眾多營養成分中，維生素K_1、U是最佳的抗潰瘍因子，多吃高麗菜，對十二指腸潰瘍和輕微胃潰瘍有相當程度的效果。

吃高麗菜愛地球

一年之中僅夏季非盛產期的高麗菜，生長期約2～3個月，四季都能吃到，價格便宜，更可取代進口菜葉烹調。

高麗菜卷 3人份

|材料|

台芹2支、蔥1支、胡蘿蔔50克、洋蔥1/4個、木耳1片、荸薺2粒、蒜仁2粒、乾香菇2朵、蕃茄1個、枸杞1大匙、橄欖油2大匙、高麗菜1/2個、水500c.c.、太白粉水100c.c.

|調味料|

胡椒鹽少許、香油適量

|做法|

1. 台芹、蔥切段，胡蘿蔔、洋蔥、木耳切絲。荸薺、蒜仁切碎。乾香菇放入冷水中泡至軟，取出瀝乾水分後切成細絲。

2. 蕃茄去皮和籽後切絲，枸杞泡水至軟。高麗菜剝成一片片後放入500c.c.的滾水中汆燙，取出瀝乾水分，水先不要倒掉。

3. 鍋燒熱，倒入橄欖油，先放入香菇炒至散發香氣，續入蔥段、蒜仁、洋蔥、胡蘿蔔、木耳和芹菜，再加入蕃茄、300c.c.汆燙高麗菜的水，加入調味料，倒入適量太白粉水芶芡，加入香油拌勻成餡料。

4. 將高麗菜葉的粗梗削掉，包入餡料，捲成春捲狀，放入盤中。

5. 在200c.c.汆燙高麗菜的水中加入些許鹽，續入枸杞，倒入剩餘的太白粉水芶芡，加入香油拌勻成醬汁，淋在高麗菜卷上即成。

Cabbage Roll

蔬菜煎餅 3人份

|材料|
洋蔥1/4個、銀芽50克、胡蘿蔔50克、新鮮香菇3朵、橄欖油2小匙、蔥1支、巴西里末少許

|麵糊|
雞蛋2個、中筋麵粉300克、水200c.c.、柴魚粉1/4小匙、鹽1/4小匙

|醬汁|
蕃茄醬2小匙、細砂糖1大匙、醬油1/2小匙、辣椒水1/4小匙

|做法|

1. 麵糊材料中的中筋麵粉過篩,和其他材料拌勻成麵糊。蔥切段。

2. 洋蔥、胡蘿蔔和香菇切絲,加入麵糊中拌勻成餡料。

3. 醬汁的材料全部拌勻。

4. 平底鍋燒熱,倒入橄欖油,倒入餡料煎熟,待兩面都煎熟後取出,淋上醬汁,撒上巴西里末即成。

Tips

煎時火力要改小,如果火力太大會不熟。因此,若你不太會控制火力,建議先把蔬菜料都燙熟,才能確保食材能煎熟。

Soybean Sprout

豆芽菜可改善 更年期婦女的不適

銀芽就是豆芽菜捏去頭尾,它能提供豐富的大豆異黃酮,可改善更年期婦女的不適,增加骨質密度,有助於改善更年期的肥胖。

什蔬起司餃 3人份

|材料|
蒜仁2粒、雪白菇1盒、牛蕃茄1個、洋蔥1/4個、九層塔葉6片、起司絲50克、水餃皮10張、台芹1支、橄欖油1大匙、白酒2小匙

|麵糊水|
中筋麵粉50克、水100c.c.

|調味料|
胡椒鹽少許

|做法|

1. 蒜仁切碎，雪白菇切2公分的長段，牛蕃茄去皮去籽後切丁，洋蔥切碎，九層塔切粗絲，台芹切粗粒。

2. 鍋燒熱，倒入橄欖油，先放入洋蔥、蒜碎炒香，續入雪白菇炒軟，加入白酒煮至湯汁濃縮。再加入牛蕃茄、台芹，倒入調味料稍拌，再全部取出和九層塔、起司絲拌勻成餡料。

3. 取中筋麵粉和水調成麵糊水。取水餃皮包入餡料，皮的邊緣沾些許麵糊水，再將皮對摺捏成水餃狀。

4. 備一鍋滾水，放入水餃煮至熟即成。

Tips

除了以水煮水餃外，亦可準備一鍋炸油，待油溫升至170℃時，放入包好的水餃炸至水餃呈金黃色，撈出瀝乾油分食用。

White Hon Shimeji Mushroom

雪白菇低脂肪、低熱量

含有機硒、多醣體、蛋白質、胺基酸、鐵、鈣、鉀，亦有菇類低脂肪、低熱量的優點。雪白菇外型雪白嬌小，口感滑嫩鮮脆，常用於煮湯、火鍋，或用於生菜沙拉也很合適。

就是愛嚐
重口味料理

嗜吃重口味料理的人，
撇開那些清淡無油的湯水蔬菜，
也能吃得很過癮喔！
看到紅咖哩彩椒、魚香茄子、椒鹽芋絲、
可樂餅和奶油香菇煲，
誰還說不能吃到最下飯、下酒的無肉料理？

Green Curry

吃咖哩預防罹患阿滋海默症

咖哩因地制宜而發展出不同的口味，組成的食材也略有所差異。但不變的是其中所含的薑黃素，據研究指出，它具有抗氧化作用，更能有效較低罹患老人癡呆症（阿滋海默症）的機率。

綠咖哩彩椒 3人份

|材料|
洋蔥1/4粒、青椒1個、紅甜椒1個、黃甜椒1個、綠咖哩糊2大匙、椰奶200c.c.、奶油2小匙

|調味料|
胡椒鹽少許、細砂糖少許

|做法|

1. 洋蔥切塊，青椒、紅甜椒和黃甜椒去籽後切成塊狀。

2. 鍋燒熱，倒入奶油，先放入洋蔥炒至呈金黃色且有香味，續入青椒、紅、黃甜椒、綠咖哩糊和椰奶煮至熟，加入調味料即成。

紅咖哩馬鈴薯 3人份

|材料|
洋蔥1/4個、馬鈴薯1個、青椒1/2個、紅咖哩糊2大匙、椰奶50c.c.、橄欖油3大匙

|調味料|
胡椒鹽少許、細砂糖少許

|做法|

1. 洋蔥、馬鈴薯切成塊狀，放入油鍋中過油炸過。

2. 鍋燒熱，倒入橄欖油，先放入炸過的洋蔥，續入紅咖哩糊、椰奶和青椒稍微煮一下，加入調味料，再放入馬鈴薯稍微烹煮即成。

Tips

洋蔥、馬鈴薯先放入油鍋中炸，可使其定型，並使食材略熟，烹調時易於煮熟。

Curry

咖哩可以預防各種癌症

經過醫學界的研究，認為咖哩中的薑黃素，除了有助於降低罹患老人癡呆症的機率，還對抑制不正常細胞的增生、減少癌症轉移都有功效，若在咖哩中再加入各類蔬菜，吃到的營養更均衡。

吃咖哩愛地球

咖哩是以多種植物辛香料組合而成，栽種這些植物的過程中，植物會吸收多餘的二氧化碳，直接對減少地球的碳排放量很有大的幫助。

Sweet Potato

地瓜是十大最佳蔬菜的冠軍

地瓜,又叫甘薯,含有大量的蛋白質、維生素A、B、C、E、胺基酸、胡蘿蔔素、鈣、鉀、鐵等營養素,都對身體極有助益,已被世界衛生組織(WHO)評定為十大最佳蔬菜的冠軍。

三色薯球 3人份

|材料|
馬鈴薯1個、地瓜1條、芋頭1條、太白粉6小匙、橄欖油3大匙

|調味料|
細砂糖3大匙、胡椒鹽少許

|做法|

1. 馬鈴薯、地瓜和芋頭削除外皮後切片狀,放入蒸籠分別蒸熟。

2. 馬鈴薯、地瓜和芋頭壓成泥狀,分別拌入太白粉、橄欖油和細砂糖,揉成圓球狀。

3. 備一鍋炸油,待油溫升至180℃時,放入馬鈴薯、地瓜和芋頭球炸熟,取出瀝乾油分,再撒上胡椒鹽即成。

Tips

芋頭的外皮需削除得厚一點,然後再切成薄片去蒸,完成的芋泥才會細緻綿密,有好口感。

Mixed Potato and Sweet Potato Ball

奶油焗山藥 2人份

|材料|
山藥200克、洋蔥1/4個、中
筋麵粉1大匙、牛奶600c.c.、
奶油3大匙、起司絲50克、巴
西里末少許

|調味料|
胡椒鹽少許、糖少許

|做法|

1. 洋蔥切碎。山藥切成條
   狀，放入滾水中氽燙，
   撈出瀝乾水分。

2. 鍋燒熱，倒入奶油，先
   放入洋蔥炒至呈金黃色
   且有香味，倒入中筋麵
   粉炒至麵粉變熟（麵粉
   味道消失），慢慢倒入
   牛奶煮至湯汁變濃稠，
   加入調味料，再加入山
   藥稍微煮一下。

3. 將做法2.全部倒入焗烤
   碗中，鋪上起司絲，放
   入已預熱的烤箱，以上
   火180℃/下火180℃預熱
   （或單一烤溫180℃）烤
   12～15分鐘至起司絲上
   色（呈金黃色），取出
   撒上巴西里末即成。

Tips

1. 麵粉的量要準，
   如果太濃或太稀，都
   會使成品口味不佳。
2. 山藥切完要放入水中
   泡，才不會變色。

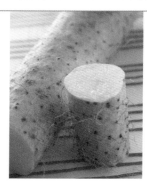

Chinese Yam

山藥營養多
是天然的保健食品

山藥又叫淮山，擁有維生素A、B_1、
B_2、C、E和鈣、鉀、硫、鎂等礦物質
和鐵、鋅等微量元素，可增強身體
機能、提升免疫力，是天然的保健
食品。

Cucumber

胡瓜是促進
新陳代謝的好幫手

胡瓜又名大黃瓜，它含有獨特的黃瓜酶和維生素A、B群、C和鉀、鈣等營養素，其中黃瓜酶有助於人體的新陳代謝和擁有滑嫩水質肌膚。

蕃茄燴胡瓜 3人份

|材料|

義大利麵醬200克、牛蕃茄1個、洋蔥1/4個、胡瓜1條、橄欖油1大匙、月桂葉1片、白酒2小匙、九層塔1支

|調味料|

胡椒鹽少許、細砂糖少許

|做法|

1. 蕃茄切塊，洋蔥切碎，胡瓜去皮後切滾刀塊。

2. 鍋燒熱，倒入橄欖油，先放入洋蔥炒至呈金黃色且有香味，續入月桂葉、白酒煮至湯汁收乾，再加入牛蕃茄和義大利麵醬、胡瓜煮約5分鐘，加入調味料，盛入盤中，以九層塔裝飾。

燴鮮筍 3人份

|材料|

竹筍1支、新鮮香菇3朵、胡蘿蔔50克、青椒1/2個、橄欖油2小匙、薑50克

|調味料|

蠔油2小匙、香油1大匙、米酒或水100c.c.

|做法|

1. 竹筍、香菇、胡蘿蔔切片，青椒切斜菱形片，放入滾水中汆燙，撈出瀝乾水分。薑切片。

2. 鍋燒熱，倒入橄欖油，先放入薑片爆香，續入香菇、竹筍、胡蘿蔔和蠔油、米酒稍微煮一下，再加入青椒煮到熟，淋上些許香油即成。

Tips

綠色的食材一定要最後才放入烹調，除可避免營養素的破壞，食材的外觀會較美。

Bamboo Shoots

竹筍是瘦身不可缺的食材

竹筍幾乎是以水分和膳食纖維組成，膳食纖維可幫助吸附油脂，降低腸道吸收油分，消耗體內多餘的脂肪，是瘦身的好食材。

Taro

芋頭可預防便秘

質地鬆軟的芋頭含有維生素B群、鉀、
鈣、鋅等營養素,其中膳食纖維、鉀含
量極豐富,可預防便秘、促進腸道蠕
動、加速膽固醇的代謝。

椒鹽芋絲 3人份

|材料|
蔥1支、蒜仁4粒、紅辣椒1
支、花生米30克、芋頭1個、
炸油適量

|調味料| 胡椒鹽少許

|做法|

1. 蔥切成蔥花,蒜仁、紅辣
   椒切碎,芋頭削除外皮後
   切絲。

2. 準備適量的油,待油溫升
   至170℃,放入芋頭絲炸
   至酥脆,撈出瀝乾油分。

3. 做法2.鍋中的油倒出,利
   用餘油加入蔥花、蒜碎和
   辣椒碎、花生米炒香,續
   入芋頭絲,倒入調味料稍
   微拌勻即成。

魚香茄子 4人份

|材料|
蔥1支、蒜仁3粒、新鮮香菇2朵、茄子1支、薑50克、紅辣椒1支、橄欖油2小匙、檸檬汁1大匙、水500c.c.

|調味料|
醬油2小匙、糖1/2小匙、胡椒粉少許、米酒2小匙、香油1/4小匙

|做法|
1. 蔥切蔥花,蒜仁、薑、香菇和紅辣椒切碎。茄子切成塊狀,檸檬汁加入水成檸檬水。

2. 將茄子放在檸檬汁水中泡約10秒鐘,撈出瀝乾水分。

3. 鍋燒熱,倒入橄欖油,先放入薑碎、蒜碎、香菇碎和紅辣椒碎炒香,加入調味料,續入茄子稍煮一下,放入蔥花和香油即成。

Tips
1. 茄子稍微泡過檸檬水,可保持茄子的紫色,維持茄子的亮麗色澤。
2. 若不喜歡烹調後的茄子變成碎爛,可在做法2.後先將茄子稍微過油以固定形狀,才不會炒後變得碎爛。

Eggplant
多吃茄子可抗衰老
茄子所含的維生素P,即生物類黃酮,可以增加微血管的抵抗力,消除脂質自由基,對於保護心血管和抗衰老有很大的功效。

Tips

這是以前人們在拜拜時會做的一道料理，剛開始烹調時火力要小，最後火力要加大以逼出餅的油，食材才會熟且不油。

Carrot

胡蘿蔔讓你擁有好視力

胡蘿蔔中的維生素A，是其所含營養素中最為人知的，它有助於維持視力正常、促進骨骼生長、防治夜盲症和調節新陳代謝，還可增強抵抗力。

古早味炸餅 3人份

|材料|

胡蘿蔔1/2條、中筋麵粉50克、雞蛋2個、大陸妹1株

|調味料|

細砂糖1大匙、胡椒鹽少許

|做法|

1. 胡蘿蔔切絲，加入少許胡椒鹽醃約10～15分鐘使其出水，水不需倒掉，直接加入中筋麵粉、雞蛋和細砂糖揉成糰。

2. 將糰搓揉成一個個圓球。

3. 準備一油鍋，待油溫升至170℃（可試著插入一支筷子，如筷子邊緣起小泡泡即170℃），放入圓球炸至呈金黃色，取出瀝乾油分。盤中放入大陸妹，再放上炸好的餅球即成。

馬鈴薯煎餅 3人份

|材料|
洋蔥1/6個、馬鈴薯1個、雞蛋3個、動物性鮮奶油50c.c.、橄欖油3大匙、巴西里末少許

|調味料|
胡椒鹽少許

|做法|
1. 洋蔥、馬鈴薯切絲，拌入蛋液、鮮奶油和胡椒鹽成餡料。

2. 小平底鍋燒熱，倒入橄欖油，續入餡料鋪平。

3. 將小平底鍋放入烤箱中，以上火180℃/下火180℃預熱（或單一烤溫180℃）烤約12分鐘至熟，取出切成塊狀，撒上巴西里末即成。

Tips

1. 如果家中的平底鍋太大無法進烤箱，可改用焗烤方式製作。方法是將做法1.的餡料直接放入焗烤碗中，再放入烤箱中烤至熟即可。
2. 如果家中沒有烤箱，可將餡料倒入平底鍋中，以小火慢慢煎至熟，煎至外圍有些金黃，味道才會香。

Olive Oil

橄欖油是優質的植物油

橄欖油中高達65以上的單不飽和脂肪酸，食用可增加人體內的好膽固醇的平衡濃度，還能有效降低血漿中壞膽固醇的濃度，以防止人體內的膽固醇過量，引發高血壓、心臟病、腦中風。

Potato Croquette

可樂餅 2人份

|材料|
馬鈴薯1粒、洋蔥30克、動物性鮮奶油2小匙、起司絲45克、雞蛋2個、中筋麵粉100克、麵包粉200克、小豆苗適量

|調味料|
荳蔻粉少許、胡椒鹽少許、美乃滋適量

|做法|

1. 雞蛋打散成蛋液，洋蔥切碎。

2. 馬鈴薯削除外皮後切塊狀，放入冷水鍋中，以大火煮至水滾，再改小火煮約12分鐘，取出瀝乾水分，壓成泥，再拌入鮮奶油和調味料。

3. 鍋燒熱，先放入洋蔥炒至呈金黃色且有香味，加入些許胡椒鹽調味。

4. 以馬鈴薯泥包入洋蔥碎、起司絲，揉成橢圓狀或圓球狀，依序沾裹中筋麵粉、蛋液和麵包粉，放入油溫170℃的油鍋中，炸至外表呈金黃色。盤中先放入小豆苗，再放上可樂餅，可搭配美乃滋食用。

Tips
這裡沾裹時不可使用低筋麵粉，應使用吸水性較佳的中筋麵粉。

Potato

馬鈴薯具有美白養顏的功效
馬鈴薯中的維生素C，具有美白效果，可保持肌膚白皙，再加上維生素B群和鉀，還有助於蛋白質、脂肪的代謝，穩定血壓。

吃植物油也能愛地球
在畜養豬和牛的過程中會排出過量的二氧化碳，若聚集在大氣層會形成溫室效應，直接影響到不同原因排出的熱力反射回太空，地球溫度自然持續上升，造成暖化。多吃橄欖油、葵花油和苦茶油等植物油，則可減少碳的排放。

月亮野菇餅 3人份

|材料|
新鮮香菇5朵、洋菇10朵、洋蔥1/4個、蒜仁2粒、太白粉200克、春捲皮4張、橄欖油1大匙、太白粉4小匙、九層塔1支

|調味料|
胡椒鹽少許、義大利綜合香料1/4小匙

|沾醬|
檸檬1大匙、蜂蜜1大匙、醬油1大匙、橄欖油1大匙、蒜碎1粒

|做法|

1. 洋蔥切小丁，洋菇、香菇切丁，蒜仁切片，九層塔洗淨泡冷開水。

2. 平底鍋燒熱，倒入橄欖油，先放入洋蔥炒至呈金黃色且有香味，續入蒜仁、香菇、洋菇炒香，再加入義大利綜合香料炒乾，取出放入果菜調理機打成碎或以刀子切成碎。拌入4小匙的太白粉，加入胡椒鹽調味成野菇餡料。

3. 取一張春捲皮，抹上些許太白粉，放上野菇餡料。

4. 取另一張春捲皮，抹上些許太白粉，蓋在做法**3.**的春捲皮餡料上合而為一，外層裹上太白粉。

5. 準備一油鍋，待油溫升至180℃（可試著插入一支筷子，如筷子邊緣立刻起泡泡即180℃），放入做法**4.**的餅炸至呈金黃色，取出瀝乾油分，切成8小份。

6. 將九層塔瀝乾水分放在盤子上，排入月亮野菇餅，食用時可搭配沾醬即成。

Tips
義大利綜合香料的成分，主要是將義大利料理最常用的，如羅勒、奧勒岡、牛膝草等香料混合而成的綜合香料，一般超市買得到瓶裝的。

Mushrooms
菇類是最優質的天然健康食材
一般常食用的菇類包括了香菇、洋菇、金針菇、杏鮑菇等，菇類大多熱量低，而且含有大量的優質蛋白質和維生素，是最優質的天然健康食材之一。

味噌烤野菇 2人份

|材料|
新鮮香菇6朵、杏鮑菇1支、信州味噌3大匙、蛋黃2個、橄欖油1大匙、九層塔葉3片、大葉或紫蘇2片

|調味料|
味醂3大匙、胡椒鹽少許、七味粉少許

|沾醬|
白蘿蔔30克、米酒2小匙、柴魚高湯2小匙、薄口醬油1大匙

|做法|

1. 香菇刻花，杏鮑菇切5公分的厚片，倒入胡椒鹽和橄欖油稍微醃一下。

2. 將白蘿蔔、米酒倒入調理機或果汁機中打成泥狀，擠壓濾出水分。

3. 將味噌、味醂和蛋黃拌勻，抹在香菇的內面（蕈傘內白色皺褶的部分），放入已預熱的烤箱，以上火220℃/下火180℃（單一烤溫則為200℃）烤約13分鐘，取出。

4. 柴魚高湯的做法參照p.23的做法**2.**。將柴魚高湯、薄口醬油倒入小碟中，加入白蘿蔔泥拌勻成沾醬。

5. 將大葉鋪在盤子上，放入味噌香菇，撒上七味粉，食用時搭配沾醬更美味。

Tips
可挑選香菇蕈傘面積較大，並且較肥厚的來雕花，成功率較高。

Mushroom

香菇可增強人體的抵抗力
香菇的營養價值很高，是高蛋白、低脂肪的食用菌，含有多種必需胺基酸，以及鈣、鐵、錳等造血物質，另有維生素D原，能幫助轉變為維生素D，有效加強人體的抵抗力。

洋菇燴白蘿蔔 4人份

|材料|

洋菇5朵、白蘿蔔1條、薑50克、枸杞1大匙、米酒100c.c.、水400c.c.、太白粉水100c.c.、香菜葉數片、橄欖油1大匙

|調味料|

胡椒鹽少許、香油1大匙

|做法|

1. 洋菇刻花,加入米酒、200c.c.的水蒸約10分鐘。

2. 白蘿蔔削除外皮後切成5公分高的圓柱,中間以挖球器挖一個圓洞,加入胡椒鹽、200c.c.的水,蒸約15分鐘。

3. 將洋菇湯汁和白蘿蔔湯汁分別過濾出。洋菇放在圓柱白蘿蔔上方圓洞中,再蒸20分鐘。

4. 薑切片,枸杞泡冷水至軟。

5. 鍋燒熱,倒入橄欖油,先放入薑片炒香,續入洋菇湯汁、白蘿蔔湯汁,加入枸杞稍微煮一下,倒入太白粉水勾芡,加入香油成醬汁。

6. 將白蘿蔔洋菇取出,淋上醬汁,撒上香菜葉即成。

Tips

1. 太白粉水的比例是200c.c.的水搭配1大匙的太白粉。

2. 白蘿蔔是耐煮的食材,蒸熟需花更久一點的時間,口感會更好。選購時則要挑重一點且實心的,才不會內部中空鬆鬆的。

White Mushrooms

洋菇是瘦身的好幫手

洋菇主要以水分、蛋白質組成,它的蛋白質很容易被人體所吸收。還有充足的鐵,是營養價值高的菇類食材。加上低熱量,更是瘦身的好幫手。

Hon Shimeji Mushrooms

鴻喜菇是便宜的營養食材

鴻喜菇含有豐富的多醣體、蛋白質，以及鐵、鈣、鎂、鉀、鋅等必備的礦物質，是低脂、低熱量、高水分的營養食材。

奶油香菇煲 4人份

| 材料 |

青江菜3株、新鮮香菇4朵、杏鮑菇1支、鴻喜菇150克、洋蔥1/2個、胡蘿蔔1/4條、蒜仁4粒、水500c.c.、太白粉水50c.c.、奶油2小匙、蔥1支、紅辣椒1支、香菜1株

| 調味料 |

柴魚粉1/4小匙、素蠔油2小匙、香油1大匙

| 做法 |

1. 青江菜切對半，香菇、洋蔥、蒜仁切片。杏鮑菇切滾刀塊，鴻喜菇切3公分的長段，胡蘿蔔刻花，蔥和紅辣椒切段。

2. 煲鍋加熱，加入奶油，先放入洋蔥、蒜片和紅辣椒炒香，續入香菇、杏鮑菇、鴻喜菇、胡蘿蔔煮，倒入500c.c.的水，再加入柴魚粉、素蠔油。

3. 加入太白粉水芶芡，淋上香油，放入蔥段、香菜即成。

野菇燴年糕 3人份

|材料|

鴻喜菇150克、金針菇200克、洋菇5朵、蒜仁1粒、洋蔥1/6個、蔥1支、紅辣椒1支、日式年糕100克、水350c.c.、太白粉水100c.c.、太白粉50克、橄欖油2小匙

|調味料|

素蠔油2小匙、柴魚粉1/2小匙、胡椒鹽少許、香油1大匙

|做法|

1. 鴻喜菇和金針菇切3公分的長段，洋菇一個切成4份，蒜仁切片。洋蔥、蔥白、蔥綠和紅辣椒都切絲。

2. 日式年糕切成方塊狀，沾裹一層太白粉，放入油鍋中，以160℃的油溫炸至酥熟，撈出瀝乾油分放入盤中。

3. 鍋燒熱，倒入橄欖油，先放入洋蔥炒至呈金黃色且有香味，加入蒜片、鴻喜菇、金針菇和洋菇炒至發出香氣且變軟，加入素蠔油、350c.c.的水，柴魚粉和胡椒鹽調味。

4. 繼續倒入太白粉水芶芡，滴入香油即成野菇醬汁。

5. 將野菇醬汁淋在日式年糕上，放上蔥白絲、蔥綠絲和紅辣椒絲即成。

Tips

炸年糕時，剛開始火力調到中小，最後再改用大火烹煮，年糕才不會吸到太多的油。

Flammulina

金針菇幫助降低膽固醇

金針菇含蛋白質、脂肪、醣類、維生素B$_1$、B$_2$、C，以及鐵、鈣、鎂、鉀等多種微量元素，可降低膽固醇、提升免疫力，對高血壓、胃腸潰瘍、肝病、高血脂有一定的功效。

酥炸杏鮑菇 3人份

|材料|
杏鮑菇1支、中筋麵粉100克、蒜仁1粒、九層塔5片

|麵糊|
中筋麵粉200克、雞蛋1個，水100c.c.、胡椒鹽少許、黑白芝麻1大匙、橄欖油1大匙

|調味料|
胡椒鹽少許、七味粉少許

|做法|

1. 杏鮑菇切滾刀，先沾裹一層材料中的中筋麵粉。

2. 蒜仁切碎，九層塔葉洗淨後擦乾水分。

3. 麵糊材料的中筋麵粉過篩，和其他材料拌勻成麵糊。

4. 備一鍋炸油，待油溫升至180～190℃時，放入沾裹了麵糊的杏鮑菇，炸至呈金黃色，取出瀝乾油分，加入蒜碎和九層塔碎拌勻，撒入調味料即成。

Tips

烹調時火力要夠，不然杏鮑菇會出水，最後會縮小且口感不好。火力大可迅速封住水分，所以油溫用到190℃微冒煙的狀態亦可。

Oyster Mushrooms

杏鮑菇增強人體的免疫力

杏鮑菇的蛋白質、纖維質量都非常豐富，其中含有的多種胺基酸、多醣體，可增強人體的免疫力，有效降低膽固醇。

吃個飽足
飯麵湯料理

有了各種配菜，
當然少不了主角的麵飯湯類了！
從單身住宿、小家庭到大家庭，
自己調整食譜中的份量，
光看到餐桌上的青醬洋菇通心粉、
翡翠蛋炒飯、甜椒茄汁義大利麵、
西班牙焗飯、泡菜石鍋拌飯、
洋菇酥皮湯和巧達玉米湯，
還以為自己身在餐廳裡！

芝麻鮮蔬涼麵 2人份

|材料|

銀芽50克、小黃瓜1/2條、牛蕃茄1/2個、涼麵150克、烤熟的黑芝麻適量

|芝麻醬汁|

芝麻醬3大匙、薄口醬油1大匙、味醂1大匙、檸檬汁1大匙、橄欖油1大匙

|做法|

1. 將醬汁的所有材料倒入容器中拌勻，即成芝麻醬汁。

2. 銀芽放入滾水中汆燙，取出瀝乾水分。小黃瓜去籽切絲，牛蕃茄削除外皮，去籽後切成絲。涼麵放入滾水中汆燙，取出放入冰水中泡。

3. 先將涼麵放入盤中，再放入銀芽、小黃瓜、牛蕃茄絲，淋上芝麻醬汁，撒上黑芝麻即成。

Tips

芝麻醬汁除了涼麵，也可以拌其他冷麵，或當作生菜沙拉的醬汁使用。

Cucumber

小黃瓜熱量低，讓你利尿消腫

小黃瓜營養豐富、含水分多但熱量低，具有降火解毒、利尿消腫，以及降低膽固醇等作用。同時，它還含有豐富的鉀鹽、纖維素及維生素B、C和E，並具抗氧化劑功能。

吃小黃瓜愛地球

苦瓜和小黃瓜屬於陸續成熟的多次採收型蔬果，在採收完後會噴農藥以便下次採收，因此農藥殘留較高，除用水清洗，最好煮熟再食用。買回的新鮮苦瓜和小黃瓜、花椰菜不要馬上放冰箱，可先在常溫下於通風處放置1～2天，讓農藥揮發分解。

青醬洋菇通心粉 _{2人份}

|材料|
通心粉200克、洋菇8朵、蔬菜高湯100c.c.、動物性鮮奶油100cc.、紅甜椒1/4個、水1000c.c.、鹽1大匙、橄欖油2小匙、蒜仁2粒、白酒1大匙

|青醬|
九層塔50克、巴西里50克、蒜仁2粒、橄欖油65c.c.、起司粉1大匙、松子1大匙

|調味料|
胡椒鹽少許、細砂糖少許

|做法|

1. 1,000c.c的水倒入鍋中,加入1大匙的鹽煮滾,放入通心粉燙煮至7分熟,撈出拌入些許橄欖油。

2. 洋菇切丁,紅甜椒、蒜仁切片,蔬菜高湯做法參照p.38。

3. 將青醬的所有材料倒入調理機或果汁機中打成泥,即成青醬。

4. 平底鍋燒熱,倒入些許橄欖油,先放入洋菇炒香,續入蒜仁、白酒和蔬菜高湯、通心粉、紅甜椒、鮮奶油和調味料,倒入1大匙的青醬,熄火後拌炒即成。

Tips

通心粉放入水中先煮約7分熟,不要煮到太熟,在做法3.中再與其他材料一起炒熟即可。

Pine nut

松子讓你增強腦細胞代謝

松子含約70％的油脂,大部分是亞油酸、亞麻酸、花生四烯酸等不飽和脂肪酸,能夠增強腦細胞代謝、維護腦細胞功能。此外,還具有防止心血管疾病、抗老防衰、增強記憶力、健腦等效用。

什蔬蛋包飯 2人份

|材料|

米1杯（量米杯）、水150c.c.、胡蘿蔔100克、洋蔥50克、玉米粒50克、西洋芹50克、雞蛋3個、太白粉1大匙、水1大匙、橄欖油3大匙、高麗菜50克、黑芝麻1/2小匙、蔥1支、蕃茄醬2小匙

|調味料|

胡椒鹽少許

|做法|

1. 米洗淨後放入150c.c.的水中泡約10分鐘，放入電鍋煮成飯。

2. 胡蘿蔔切小丁，放入滾水中汆燙，撈出瀝乾水分。洋蔥、西洋芹切小丁，高麗菜切小丁片，蔥切蔥花。

3. 鍋燒熱，倒入些許橄欖油，先放入洋蔥炒，續入胡蘿蔔和玉米粒炒香，加入白飯炒散，再加入西洋芹、高麗菜，以胡椒鹽調味即成蔬菜料。

4. 雞蛋打散，加入太白粉和1大匙水，拌勻成蛋液。

5. 平底鍋燒熱，倒入橄欖油，倒入蛋液煎熟，放入做法3.的蔬菜料包起來，包成半圓形，盛入盤中，淋上蕃茄醬，撒上蔥花、黑芝麻裝飾即成。

Tips

胡蘿蔔煮的時間比西洋芹、高麗菜來得久，為免直接放入蛋中煮而沒熟，所以先以滾水汆燙至熟再和其他材料一起煮。

Corn

玉米有預防高血壓、防止細胞衰老的功效

玉米含有高量維生素，大約是稻米、小麥的5～10倍。此外，玉米也有降低血清膽固醇、預防高血壓、防止動脈硬化和細胞衰老、腦功能衰退、利尿等作用。

吃玉米愛地球

玉米甜度較高，蟲害多，在栽種時會下很重的農藥，烹煮時需多加留意。煮熟的玉米，若要直接吃，可再用熱水將整根玉米淋燙一遍，才能避免吃進玉米表面沾到的農藥。市販的水煮玉米通常是一鍋水煮到底，建議少食用。最好選購無毒玉米，吃起來較安心。

翡翠炒飯 2人份

|材料|
米1杯（量米杯）、水150c.c.、青江菜3株、胡蘿蔔50克、洋蔥50
克、雞蛋2個、橄欖油3大匙

|調味料|
鹽少許、胡椒鹽少許、香油1/4大匙

|做法|

1. 米洗淨後放入150c.c.的水中泡約10分鐘，放入電鍋煮成飯。

2. 青江菜切碎，加入鹽醃一下使其出水。胡蘿蔔切小丁，放入滾
   水中汆燙，撈出瀝乾水分。洋蔥切丁。雞蛋打散成蛋液，加入
   些許胡椒鹽拌勻。

3. 鍋燒熱，倒入橄欖油，先倒入蛋液炒散，加入洋蔥、胡蘿蔔略
   炒，再加入白飯，將飯粒炒散，加入調味料拌勻。

4. 改成小火，加入青江菜，炒至飯和料均勻即成。

Tips

青江菜容易出水，
所以在切碎後可先加
入些許鹽使其出水，
再將水分擠乾，加入
白飯中炒才不會濕濕
黏黏，吃起來糊
糊無口感。

Bok Choy

青江菜具抗癌、抗氧化功效

青江菜含有豐富纖維質，維生素B_1、B_2、C和A，以及鈣、
鉀、鐵、葉酸、β胡蘿蔔素，具抗癌、抗氧化功效，並有助
於降低膽固醇、控制血糖及防止血管硬化。

吃青江菜愛地球

颱風過後，很多菜都多灑了農藥，建議風災之後，從市場買
回來漂漂亮亮的菜，還是要清洗煮熟再吃比較好。生吃的
菜，要跟熟識的菜農直接訂購比較安心喔。

Mushrooms

香菇有增強
人體免疫功能的功效

香菇為覃類，含有蛋白質、鈣、磷、鐵以及多醣類、維生素B_1、B_2、C等營養素。其中含有的多醣類，更有增強人體免疫功能的功效。

芋香粉絲煲 3人份

| 材料 |

冬粉2包、乾香菇5朵、胡蘿蔔1/4條、素火腿50克、大白菜100克、芋頭1/2個、洋蔥1/4個、蔥1支、蔬菜高湯500c.c.、紅辣椒1支、橄欖油1大匙、紅蔥頭1大匙、蒜仁2粒

| 調味料 |

沙茶醬2大匙、醬油1大匙、細砂糖1大匙、胡椒鹽少許、香油2大匙

| 做法 |

1. 冬粉放入適量的水中泡軟，取出瀝乾水分。乾香菇放入冷水泡軟。

2. 胡蘿蔔、素火腿、大白菜、芋頭和洋蔥都切絲。蔥、紅辣椒切段。蔬菜高湯做法參照p.38。

3. 將煲鍋燒熱，倒入橄欖油、紅蔥頭，先放入洋蔥、蒜仁和紅辣椒炒，再加入乾香菇、胡蘿蔔煮，倒入蔬菜高湯，加入沙茶醬、醬油、細砂糖和胡椒鹽調味。

4. 繼續加入素火腿、大白菜煮約15分鐘，再加入冬粉煮約5分鐘，最後加入蔥段，淋上香油即成。

日式雞蛋壽司 2人份

|材料|
日式煎雞蛋卷1條、米200克、水150c.c.、小黃瓜1條、紅辣椒1支、海苔片適量

|壽司醋|
白醋2大匙、話梅1粒、細砂糖1大匙、鹽少許

|醃醬汁|
鹽1/2小匙、細砂糖1小匙、白醋1小匙、香油1大匙、胡椒鹽少許

|做法|

1. 米洗淨後放入150c.c.的水中泡約10分鐘，放入電鍋煮成飯。

2. 日式煎蛋卷做法參照p.16，將其切成長片狀。

3. 將壽司醋的材料倒入小鍋中，煮至細砂糖、鹽溶化，倒入白飯中輕輕拌勻，放涼。

4. 小黃瓜、辣椒切圓片，放入醬汁中醃一下。

5. 取一口份量的白飯，捏成長橢圓形，放上蛋片，捲上海苔片即成。食用時，可搭配醃漬小黃瓜。

Tips
壽司飯在拌醋汁時，可用飯匙輕輕拌勻，不可過度用力，避免弄碎飯粒，必須保持整顆飯粒的完整。

Laver
海苔有「維生素的寶庫」之稱
海苔即為紫菜脫水加工製成。海苔因含有豐富維生素，而被稱為「維生素的寶庫」，亦含有礦物質和蛋白質、維生素B、A、E，硒和碘。但調味海苔含鹽、味精量高，不宜攝取過量。

蔥花拌麵 2人份

|材料|
蔥1支、胡蘿蔔100克、紅蔥頭2粒、苦茶油1大匙、刀削麵150克、水1,000c.c.、鹽1大匙、橄欖油3大匙

|調味料|
香油1/2大匙

|醬汁|
醬油1大匙、細砂糖1大匙、燙麵水1大匙

|做法|

1. 1,000c.c.的水倒入鍋中，加入1大匙的鹽煮滾，放入刀削麵煮3分鐘，撈出拌入些許橄欖油。

2. 蔥切成蔥花，胡蘿蔔、紅蔥頭切絲。

3. 醬油和細砂糖先拌勻，加1大匙的燙麵水或高湯。

4. 鍋燒熱，倒入苦茶油，放入紅蔥頭炸至呈金黃色。

5. 刀削麵再稍微加熱，放入碗中，倒入做法4.的苦茶油和紅蔥頭，再放入胡蘿蔔絲，淋上醬汁，放入蔥花，淋上香油即成。

Tips

炸紅蔥頭時，加入紅辣椒一起拌炒，就成了辣味油蔥，不僅味道香且辣味重，是嗜吃重口味的人的另一選擇。

Chopped Green Onions

蔥花有助於消除疲勞與焦慮

吃麵時最喜愛加入的蔥花，含有鉀、鈣、維生素B、C、E、葉酸、β胡蘿蔔素、必需胺基酸和纖維，能刺激血液循環、增強腸胃蠕動、增進食慾。此外，蔥因含有硫化物，也有助於消除疲勞與焦慮。

蘆筍天使麵 1人份

|材料|
蘆筍5支、蒜仁4粒、紅辣椒1支、天使麵100克、九層塔葉10片、奶油2大匙、蔬菜高湯200c.c.、橄欖油3大匙、白酒2大匙、水500c.c.、鹽2小匙

|調味料|
胡椒鹽少許，細砂糖少許

|做法|

1. 蘆筍從底部削去約1/3長度的老皮，切斜段。蒜仁、紅辣椒切片，蔬菜高湯做法參照p.38。

2. 500c.c.的水倒入另一鍋中，加入2小匙的鹽煮滾，放入天使麵煮約3分鐘，撈出拌入些許橄欖油。

3. 平底鍋燒熱，倒入橄欖油，先放入蒜仁、紅辣椒略炒，續入蘆筍略炒，再加入白酒，煮至湯汁收乾。

4. 繼續倒入蔬菜高湯、天使麵煮熟，加入調味料煮，熄火後加入奶油，放上九層塔葉即成。

Tips

義大利麵的種類繁多，依品牌和原料烹調時間略有差異，各種麵類烹煮的時間，建議可參考包裝後面的說明。

Asparagus

綠蘆筍有利尿、通便的功效

綠蘆筍除了含有葉酸、維生素A、C、蛋白質等重要的營養素外，它同時還有利尿和促進腸胃蠕動的功效，可幫助排出身體多餘的水分、順利排便。

甜椒茄汁義大利麵 2人份

|材料|
洋蔥1/4個、蒜仁3粒、月桂葉2片、白酒2大匙、蔬菜高湯100c.c.、整粒蕃茄罐頭1罐、義大利麵200克、紅、黃甜椒和青椒各1/2個、九層塔葉6片、橄欖油2小匙、奶油1大匙、巴西里末少許、鹽1大匙、水1,000c.c.。

|調味料|
胡椒鹽少許、細砂糖少許

|做法|

1. 洋蔥、蒜仁切碎，紅、黃甜椒和青椒都切絲，九層塔葉切粗絲。蔬菜高湯做法參照p.38。

2. 鍋燒熱，倒入橄欖油，先放入洋蔥炒香，續入蒜仁、月桂葉和白酒，再加入蕃茄罐頭和蔬菜高湯，煮約30分鐘成蕃茄醬汁。

3. 1,000c.c.的水倒入另一鍋中，加入1大匙的鹽煮滾，放入義大利麵煮約10分鐘，撈出拌入些許橄欖油。

4. 鍋燒熱，倒入橄欖油，先放入甜椒和青椒炒，續入蕃茄醬汁，加入義大利麵拌炒均勻，再加入調味料，最後加入奶油，起鍋前放入九層塔葉、巴西里末即成。

Tips

烹煮義大利麵時，可加入些許鹽，可使麵條本身帶有些許鹹味。而撈出後，也可拌入適量的橄欖油，防止煮好的麵條變硬或成一糰。

Spaghetti

義大利麵是白米以外的主食選擇

義大利麵中的維生素B_2和菸鹼酸是白米的2倍，可幫助改善循環和降低膽固醇；更豐量的維生素B_6，則能有效促進脂肪、蛋白質和醣類的代謝。

西班牙焗飯 3人份

|材料|
洋蔥1/4個、蒜仁2粒、紅甜椒1/4個、高麗菜100克、九層塔葉6片、小蕃茄5個、蘆筍3支、米1杯（量米杯）、水200c.c.、蕃紅花1/2大匙、蔬菜高湯200c.c.、月桂葉1片、白酒50c.c.、起司粉2大匙、起司絲200克、橄欖油3大匙

|調味料|
胡椒鹽少許、細砂糖少許

|做法|
1. 洋蔥、蒜仁切碎，紅甜椒切丁，高麗菜切丁片，九層塔切粗絲，小蕃茄切對半。

2. 蘆筍從底部削去約1/3長度的老皮，切斜刀。米洗淨後放入200c.c.的水中泡約10分鐘。蔬菜高湯做法參照p.38。

3. 鍋燒熱，倒入橄欖油，先放入洋蔥炒至呈透明，續入蒜仁炒至香，再加入月桂葉、白酒，倒入做法2.中的米和水，煮至水分收乾。接著倒入一半的蔬菜高湯，再煮至水分收乾。

4. 倒入剩餘的蔬菜高湯，加入紅甜椒、小蕃茄、蕃紅花、高麗菜和蘆筍，煮至呈金黃色且散發出香氣。續入起司粉和調味料，加入九層塔葉，放入焗烤盤中，放上起司絲。

5. 放入已預熱的烤箱，以上火220℃（單一烤溫則為200℃）烤至上色即成（注意只是要烤上色就取出，不需要烤太久）。

Tips
烹調過程中削除的洋蔥皮和蘆筍皮，可以加入適量的水煮約10分鐘，同樣能當作高湯使用，而且不浪費食材。

Cheese
一塊起司濃縮了許多營養成分
起司中含有高蛋白質、高鈣、維生素A、B群、D、E和鈉、磷等礦物質。其中鈣可幫助骨骼發育、預防骨質疏鬆症，而磷則有助於鈣的吸收。

泡菜石鍋拌飯 1人份

|材料|
市售泡菜200克、新鮮香菇5朵、蔥1支、胡蘿蔔100克、豆芽50克、小豆苗30克、白飯1碗、白芝麻1大匙、韓式辣椒醬2大匙

|調味料|
醬油適量、芝麻油2大匙

|做法|

1. 泡菜、香菇切絲，蔥切蔥花，都放入鍋中炒香，加入醬油調味。

2. 胡蘿蔔切絲。豆芽摘去頭尾，和小豆苗一起放入滾水中汆燙，取出瀝乾水分。

3. 在燒熱的石鍋內抹上芝麻油，放入白飯，加入香菇和些許醬油拌勻。

4. 石鍋繼續加熱至外層的飯有些金黃色，依序鋪上泡菜、胡蘿蔔、豆芽、小豆苗，加入韓式辣椒醬和蔥花，撒上白芝麻，食用前先拌一下即可。

Tips

這是韓國有名的傳統料理。在拿取加熱後的石鍋時，注意石鍋的高溫會燙手，需特別小心。

Pickled Vegetables

吃泡菜好處多，可預防便秘、抗癌

泡菜在發酵過程中，會產生對人體極佳的有益菌及維他命B_{12}。並含維生素A、C以及鈣、磷、鐵、胡蘿蔔素、辣椒素、纖維素、蛋白質，可預防便秘、抗癌及降低膽固醇。

Pumpkin

南瓜是天然的護眼良藥

如同胡蘿蔔般，南瓜含有極豐富的胡蘿蔔素。胡蘿蔔素可以強化視力，適量食用任何人都能保護自己的視力。

南瓜濃湯 2人份

|材料|

南瓜1個、胡蘿蔔1/2條、洋蔥1/4個、蔬菜高湯500c.c.、橄欖油3小匙、巴西里末少許、動物性鮮奶油50c.c.、中筋麵粉50克

|調味料|

胡椒鹽少許、細砂糖少許

|做法|

1. 南瓜挖除籽，先切出5小片留作裝飾用，其餘南瓜去皮後切成塊狀。

2. 胡蘿蔔、洋蔥切小丁。蔬菜高湯做法參照p.38。

3. 平底鍋燒熱，倒入1小匙的橄欖油，放入5小片沾了中筋麵粉的南瓜片煎熟，取出。

4. 湯鍋先加熱，加入2小匙的橄欖油，先放入洋蔥炒至呈金黃色且有香味，續入胡蘿蔔、南瓜塊和3/4量的蔬菜高湯，煮約15分鐘，全部倒入調理機或果汁機中打均勻。

5. 將打勻的湯汁再倒回湯鍋中煮滾，以剩餘的蔬菜高湯來調濃稠度，倒入鮮奶油，加入調味料，盛入盤中，擺入5小片的南瓜片和巴西里末裝飾即成。

青豆仁泥湯 2人份

|材料|
洋蔥1/4個、紅蔥頭3粒、青豆仁200克、馬鈴薯1/2個、蔬菜高湯500c.c.、水200 c.c.、動物性鮮奶油1大匙、奶油1大匙、胡蘿蔔30克、白酒2小匙

|調味料|
胡椒鹽少許、細砂糖少許

|做法|

1. 洋蔥、紅蔥頭切碎。胡蘿蔔刻花，放入滾水中汆燙，撈出瀝乾水分。蔬菜高湯做法參照p.38。

2. 湯鍋燒熱，加入奶油，先放入洋蔥炒至呈金黃色且有香味，續入紅蔥頭炒，再加入馬鈴薯、蔬菜高湯，以及200 c.c.的水煮約10分鐘，加入青豆仁煮約2分鐘，待湯汁冷後倒入調理機或果汁機打成泥。

3. 將青豆仁泥倒回湯鍋中，加入鮮奶油和調味料拌勻。

4. 將青豆仁泥湯盛入盤中，擺上胡蘿蔔花即成。

Tips

做法2.中的青豆仁湯一定要冷了才能放入調理機或果汁機中打成細泥，否則熱液體倒入果汁機中會爆開，相當危險。

Green Bean

青豆仁

青豆仁含有大量的維生素C及A，這些營養素有提供身體增強免疫力的功效，不僅減少罹患疾病的機率，對於癌症的防治亦有功效。

洋蔥切絲時刀工必須一致，這樣炒起來才會全部都熟，不會有些上色有些還是白白的。且炒洋蔥絲時，剛開始火力可大，待洋蔥絲出水後，火力要漸漸變小，才能炒出美味的洋蔥。

Vegetables Soup

蔬菜高湯一次就能攝取多種營養

蔬菜高湯是以洋蔥、西洋芹、胡蘿蔔和蒜苗等4種蔬菜製成，這些蔬菜都包含了各種營養素，以蔬菜高湯做菜，是一次就能攝取多種養分的最簡單方法。

法式洋蔥湯 2人份

|材料|

洋蔥1個、月桂葉1片、奧勒岡少許、蔬菜高湯1,000c.c.、法國麵包1片、起司絲50克、巴西里末少許、橄欖油2小匙、芝麻1大匙、橄欖油1大匙

|調味料|

胡椒鹽少許、白酒200c.c.

|做法|

1. 洋蔥切絲。蔬菜高湯做法參照p.38。

2. 湯鍋燒熱，加入橄欖油，先放入洋蔥炒至呈金黃色且有香味，加入月桂葉和奧勒岡，炒至焦褐色，倒入白酒煮至湯汁濃縮。

3. 繼續倒入蔬菜高湯煮約30分鐘，加入胡椒鹽調味成湯汁。

4. 將湯汁倒入焗湯碗中，放上法國麵包、起司絲，放入已預熱的烤箱，以上火250℃烤至上色（單一烤溫則為230℃），取出撒上巴西里末即成。

巧達玉米湯 3人份

|材料|
胡蘿蔔100克、洋蔥100克、西洋芹100克、馬鈴薯100克、新鮮玉米粒200克、玉米醬1/2罐、牛奶300c.c.、水500c.c.、奶油2小匙、中筋麵粉2小匙、月桂葉1片、巴西里少許

|調味料|
胡椒鹽少許、細砂糖少許

|做法|

1. 胡蘿蔔、洋蔥、西洋芹和馬鈴薯都切丁。

2. 湯鍋燒熱，加入奶油，先放入洋蔥炒香，續入月桂葉、中筋麵粉炒至麵粉變熟（麵粉味道消失），加入胡蘿蔔、玉米粒和玉米醬拌勻。

3. 繼續慢慢倒入500c.c.的水，再倒入牛奶調濃稠度，放入馬鈴薯煮約7分鐘，加入調味料。

4. 將煮好的湯料盛入盤中，撒入巴西里末即成。

Tips

巧達（chowder）是指材料中有加入了洋蔥、西洋芹、胡蘿蔔、馬鈴薯等蔬菜，並以奶油、牛奶為湯底的濃稠湯類。

Milk

牛奶讓你的骨骼更強健

牛奶中含有豐富的優質蛋白質、高鈣、乳糖、維生素A、B_2、B_6、必需胺基酸含量等營養素，其中的蛋白質和乳糖，可幫助鈣的吸收，對孩童的骨骼發育，以及老年人的骨質疏鬆都有極大的助益。

Tips

1. 酥皮一定要放在冷凍存放，需使用時再拿出來，不然很容易發酸。
2. 酥皮放在焗湯碗上時要放在正中間，如果不小心滑到湯裡就不會漲起來，口感也不酥。

Sesame

黑芝麻

黑芝麻不論營養和要用價值都很高，含有卵磷脂，有助於提升記憶力。有豐富的鈣質，吃素的人可多吃來補充鈣質。此外，含有的必需脂肪酸 —— 亞麻油酸，可幫助正常製造荷爾蒙。

洋菇酥皮湯 2人份

|材料|

洋蔥1/6個、洋菇200克、奶油1大匙、中筋麵粉1大匙、蔬菜高湯500c.c.、動物性鮮奶油50 c.c.、酥皮2片、蛋黃1個、黑芝麻少許、

|調味料|

胡椒鹽少許

|做法|

1. 洋蔥切碎，洋菇切片。蔬菜高湯做法參照p.38。

2. 湯鍋燒熱，加入奶油，先放入洋蔥炒至呈金黃色且有香味，續入中筋麵粉炒至麵粉變熟（麵粉味道消失），再加入洋菇炒至變軟且出水，慢慢倒入蔬菜高湯，煮至湯汁變濃稠且滾，加入鮮奶油和調味料。

3. 將調味好的湯汁倒入焗湯碗中，上面蓋上酥皮，再抹上蛋黃液，撒上黑芝麻，放入已預熱的烤箱，以上火220℃/下火180℃（單一烤溫為200℃）烤約18分鐘即成。

義大利蔬菜湯 3人份

|材料|

洋蔥1/4個、青椒1/4個、紅甜椒1/4個、黃甜椒1/4個、茄子1/2條、胡蘿蔔100克、高麗菜1/6個、牛蕃茄1個、蒜仁3粒、義大利麵醬100克、月桂葉2片、奧勒岡少許、水1,000c.c.、九層塔葉6片、橄欖油2小匙、

|調味料|

胡椒鹽少許、細砂糖少許、白酒2小匙

|做法|

1. 洋蔥、青椒、紅甜椒、黃甜椒、茄子、胡蘿蔔切片。高麗菜切片，牛蕃茄切塊。蒜仁切片。

2. 湯鍋燒熱，加入橄欖油，先放入洋蔥炒至呈金黃色且有香味，續入蒜仁、胡蘿蔔、高麗菜、茄子炒香，再加入月桂葉、奧勒岡，倒入白酒煮至湯汁濃縮，加入義大利麵醬。

3. 繼續加入青椒、紅甜椒、黃甜椒、牛蕃茄和1,000c.c.的水煮約20分鐘，加入調味料，起鍋前撒入九層塔葉即成。

Tips

可在這道湯中加入適量的通心粉，就成了一道主菜，吃起來更有飽足感。

Asian Basil

九層塔有助於安定神經

常用做香料的九層塔，含有維生素A、C、脂肪、醣類、鈣、磷、鐵等營養。它也含有獨特的芳香精油成分，適量的食用有助安定神經。

吃九層塔愛地球

九層塔相當好種，除了可食用外，種在戶外還能驅趕蚊蟲，甚至比市售蚊香效果更佳，如以盆栽種，1盆大多在百元左右，價格便宜。

Tips

1. 雞蛋要打散，並且建議以濾網過濾，成品口感會更好。
2. 小茴香不要太早放，以免煮得過於軟爛、顏色不佳。

Fennel

小茴香是天然的黑髮劑

新鮮的小茴香中含有的茴香醚，可幫助將黑色素原轉化成黑色素細胞，能使頭髮變得烏黑且具有油亮光澤。

小茴香蛋花湯 2人份

|材料|
小茴香2株、雞蛋2個、薑20克、水1,000c.c.

|調味料|
柴魚粉1/4小匙、胡椒鹽少許、香油1/4小匙

|做法|

1. 小茴香切成適當長度，雞蛋打散成蛋液，薑切成菱形片。

2. 將1,000c.c.的水倒入鍋中煮滾，加入柴魚粉、薑片和調味料，打入蛋液煮成蛋花，再放入小茴香，撒上香油即成。

山藥牛蒡湯 2人份

材料
牛蒡100克、山藥200克、竹筍1支、大白菜100克、胡蘿蔔50克、台芹1支、乾香菇5朵、市售滷味滷包1包、薑15克、九層塔5葉、水1,000c.c.

調味料
香油1大匙、胡椒鹽少許

做法

1. 牛蒡削除外皮後切塊，放入油鍋中炸至熟，取出瀝乾油分。

2. 山藥削除外皮後切塊，竹筍切塊，一起放入滾水中汆燙，撈出瀝乾水分。

3. 大白菜切塊，胡蘿蔔刻花，台芹切段，薑切成片。乾香菇放入冷水中泡水，取出切片。

4. 1,000c.c.的水倒入鍋中，放入滷包，續入牛蒡、山藥、竹筍、胡蘿蔔、大白菜、薑片和香菇煮約25分鐘，再加入台芹略煮，以胡椒鹽調味，再加入香油，撒入九層塔葉即成。

Tips
牛蒡要事先炸過，是因為炸過後味道較香，經過烹煮成湯後才能自然散發香味。

Celery

台芹的纖維可預防便秘
相對於西洋芹，台芹又叫作本芹，就是一般市場中販售的芹菜。它含有蛋白質、脂肪、纖維質、鈣、磷和維生素B₁、B₂、C、胡蘿蔔素等營養素。其中大量的水分和纖維，有助於腸道蠕動，預防便秘。

涼拌、燙青菜、拌麵拌飯 醬汁15味

素蠔油蔬菜醬汁

材料 素蠔油2小匙、糖3小匙、開水3小匙、醬油1小匙、香油適量
做法 所有材料倒入小鍋中，加熱煮沸且呈濃稠狀即成。

Tips 均勻淋在青江菜、地瓜葉等燙青菜上食用。

辣拌麵醬

材料 素肉燥50克、辣椒碎2大匙、薑末1小匙、鹽1/3小匙、糖4匙、麻油1小匙、豆瓣醬3小匙、開水100c.c.
做法 鍋燒熱，倒入麻油，放入辣椒碎、薑末炒香。加入素肉燥、鹽、糖、豆瓣醬和開水，煮至辣汁收乾即成。

Tips 拌入煮好的熱麵條或燙青菜食用。

糖醋醬汁

材料 糖4小匙、醋3小匙、蕃茄醬1小匙、開水2小匙、香油少許
做法 所有材料倒入小鍋中，加熱煮沸且呈濃稠、有點勾芡狀即成。

Tips 均勻淋在小白菜、青江菜等燙青菜上食用。

芝麻醬

材料 芝麻醬2大匙、昆布醬油1/2大匙、香油1匙
做法 所有材料倒入小碗中調勻即成。

Tips 均勻淋在蘆筍、空心菜等燙青菜上食用。

素炸醬

材料 素絞肉100克、豆乾丁60克、開水60c.c.、甜麵醬1大匙、豆瓣醬1/2大匙、醬油1小匙、糖1小匙、胡椒粉少許、油1大匙
做法
1. 鍋燒熱，倒入油，放入絞肉炒散，續入豆乾丁炒至微乾。
2. 倒入甜麵醬、豆瓣醬炒香，再加入醬油、糖和胡椒粉炒至入味。
3. 倒入水，以小火炒至湯汁微乾。

Tips 拌入煮好的熱麵條或燙青菜食用。

素沙茶醬

材料 素沙茶醬2大匙、素蠔油1大匙、素高湯2大匙、糖少許
做法 可用素高湯粉調製少量的素高湯，將所有材料倒入小鍋中以小火加熱炒勻即成。

Tips 拌入煮好的熱麵條或燙青菜食用。

枸杞素蠔油醬

材料 枸杞5克、溫開水1大匙、素蠔油2小匙
做法 枸杞洗淨後放入溫開水中泡軟，倒入素蠔油中拌勻即成。

Tips 均勻淋在菠菜、地瓜葉等燙青菜上食用。

懶得炒菜嗎？花個10分鐘準備幾款常用又實用的醬汁吧！冷的醬汁可以搭配生鮮蔬菜作為沙拉食用，燙過或拌炒過的醬汁則適合拌麵，或燙青菜後淋上，這個簡單又方便的單元，希望讀者喜歡，進而常常食用蔬食，讓我們超越一週一天無肉日，更健康更環保、生活品質更增上。

酸奶油蒔蘿醬

材料 酸奶油150克、美乃滋2大匙、第戎芥茉醬1小匙、新鮮蒔蘿碎2大匙、醋1小匙、鹽、胡椒少許

做法 將酸奶油、美乃滋、第戎芥茉醬拌勻。拌入蒔蘿碎，再加入醋、鹽及胡椒調味即成。

Tips 適合搭配根莖類蔬菜及小黃瓜。

千島醬

材料 美乃滋6大匙、蕃茄醬3大匙、墨西哥紅辣椒醬3滴、原味優格2大匙、柳橙汁1/2大匙、檸檬汁1/2大匙、紅辣椒碎1/2支、鹽少許

做法 將美乃滋、蕃茄醬、紅辣椒醬、優格拌勻。拌入柳橙汁及檸檬汁，加鹽調味。最後拌入的辣椒碎末即成。

Tips 適合搭配較脆硬的生菜或根莖類蔬菜。

蜂蜜檸檬醬汁

材料 蜂蜜2大匙、檸檬汁2大匙、冷開水1大匙、鹽、胡椒少許

做法 蜂蜜、檸檬汁、冷開水拌勻，加入少許鹽、胡椒調味即成。

Tips 適合搭配清爽的新鮮綜合生菜沙拉。

芝麻美乃滋醬

材料 芝麻醬1大匙、醬油1大匙、白芝麻1/2大匙、砂糖1小匙、美乃滋3大匙

做法 芝麻醬先和醬油調勻，拌入炒過的白芝麻和砂糖，再和美乃滋拌勻即成。

Tips 適合肉類和較脆硬的蔬菜。

柳橙油醋汁

材料 柳橙2個、檸檬1個、葵花油2小匙、果糖1小匙、鹽、胡椒少許

做法 先將柳橙、檸檬擠汁，再和其他材料拌勻即可。

Tips 適合清爽口味的葉菜類沙拉。

芥末蜂蜜醬汁

材料 檸檬1/2個、美式芥茉醬3小匙、蜂蜜1小匙、沙拉油2小匙

做法 檸檬擠汁，和芥茉醬、蜂蜜調勻，再緩緩加入沙拉油，攪拌至濃稠即成。

Tips 芥末蜂蜜醬微辛帶香甜，適合硬脆的根莖蔬菜。

芒果辣醬

材料 芒果果肉100克、辣椒1支、嫩薑約1公分小塊、檸檬汁2大匙、糖1大匙、鹽少許

做法 辣椒去籽切小段，薑去皮切碎，全部材料放入果汁機打成泥即成。

Tips 適合搭配爽脆的根莖類蔬菜。

九層塔美乃滋

材料 九層塔20克、美乃滋150克、鹽、胡椒少許

做法 九層塔洗淨拭乾水份和美乃滋放入果汁機打成泥。加入鹽和胡椒調味即成。

Tips 適合脆硬的蔬菜和味道強烈的沙拉。

附錄 材料工具用詞對照表

為方便香港及東南亞地區讀者購買食材，特歸納出以下材料工具用詞對照表，僅供參考。

台灣用詞	香港用詞	英文名稱
青江菜	白菜	Bok Choy
高麗菜	椰菜	Cabbage
空心菜	通菜	Water Spinach
萵苣	生菜	Lettuce
大陸妹	生菜或中國A菜	Chinese Lettuce
美生菜	生菜	Lettuce
蘿蔓生菜	羅馬生菜	Romaine Lettuce
西洋芹	西芹	Celery
台芹	芹菜	Chinese Celery
花椰菜	椰菜花	Cauliflower
荸薺	馬蹄	Water Chestnut
玉米筍	粟米芯	Baby Corn
地瓜	番薯	Sweet Potato
黃瓜	青瓜	Cucumber
胡瓜	青瓜	Cucumber
鴻喜菇	靈芝菇	Shiro-shimeji Mushroom
雪白菇	白色靈芝菇	White Shiro-shimeji Mushroom
洋菇	蘑菇	Button Mushroom
金針菇	金菇	Flammulina
巴西里	番茜	Parsley
三星蔥	產自宜蘭之蔥	Spring Onion produced from Sanxing, Yilan County, Taiwan
香菜	芫茜	Coriander
枸杞	杞子	Chinese Wolfberry
聖女小蕃茄	車厘茄	Cherry Tomato
美乃滋	蛋黃醬	Mayonnaise
動物性鮮奶油	鮮忌廉	Cream
酸奶油	酸忌廉	Sour Cream
動物性無糖鮮奶油	淡忌廉	Whipping Cream
奶油	牛油	Butter
起司	芝士	Cheese
優格	乳酪	Yoghurt
沙拉油	沙律油	Salad Oil
香油	麻油	Sesame Oil
太白粉	生粉	Caltrop Starch
麵包粉	麵包糠	Breadcrumbs
薄口醬油	日式淡醬油	Japanese Light Soy Sauce
義大利陳年酒醋	意大利黑醋	Balsamic Vinegar
蕃茄糊	蕃茄醬	Tomato Sauce
義大利麵醬	意大利蕃茄肉醬	Italian Spaghetti Sauce
辣椒水	辣椒汁	Chilli Sauce
咖哩糊	咖喱醬	Curry Paste
玉米醬	粟米湯	Sweet Corn Cream Style
大匙	湯匙	Tablespoon
小匙	茶匙	Teaspoon